高等教育艺术设计类
“十四五”系列教材

Product Design

产品设计手绘表现

国家级一流专业建设点示范教材
国家级一流课程配套教材

编　著　邓　昭
副主编　宋梦雨

華中科技大學出版社
http://press.hust.edu.cn
中国·武汉

图书在版编目(CIP)数据

产品设计手绘表现 / 邓昭编著 .—武汉：华中科技大学出版社，2024.2
ISBN 978-7-5772-0577-9

Ⅰ.①产… Ⅱ.①邓… Ⅲ.①产品设计—绘画技法 Ⅳ.①TB472

中国国家版本馆 CIP 数据核字(2024)第 051133 号

产品设计手绘表现
Chanpin Sheji Shouhui Biaoxian

邓昭 编著

策划编辑：江 畅
责任编辑：刘姝甜
封面设计：孢 子
责任监印：朱 玢
出版发行：华中科技大学出版社（中国·武汉） 电话：（027）81321913
武汉市东湖新技术开发区华工科技园 邮编：430223
录 排：武汉创易图文工作室
印 刷：武汉市洪林印务有限公司
开 本：889 mm × 1194 mm 1/16
印 张：9
字 数：87 千字
版 次：2024 年 2 月第 1 版第 1 次印刷
定 价：59.00 元

作者简介

邓昭

湖北工业大学工业设计学院智能交通设计系主任，教授，教师第一党支部书记，武汉市经济和信息化专家，工业设计中心评审专家，全国高等教育自学考试专家组成员，国家级教学组织——虚拟教研室成员，艺术学名师工作室成员，基层教学组织——产品设计教研室组员，武汉佳哇工业设计有限公司设计总监，武汉创－设计社教学顾问，主持和参与国家级一流课程、教育部人文社科、湖北省社会学科重大项目，省科技厅基金项目，以及省教育厅基金项目。曾获国家级教学创新大赛一等奖，以及红星奖、iF 设计大赛等多项奖项。获批实用新型专利 20 多项，发明专利 3 项。发表 SCI、CSCD 等核心期刊论文 10 余篇，独著教材多部。

前言

欢迎阅读本书！在这个快节奏的时代，工业设计作为一门创新与美学相结合的艺术，扮演着日益重要的角色。无论是从制造业还是从消费者市场的角度，工业设计都在不断地塑造着我们的生活，为我们带来更美好的体验。

本书旨在面向广大的工业设计基础人群，介绍工业设计中基本且核心的手绘技巧。手绘作为工业设计师重要的手段之一，它不仅可以表现设计师的创意与灵感，还能让观众更直观地感受到产品的魅力。无论您是否有绘画经验，本书都将帮助您逐步掌握手绘技巧，让您在工业设计领域迈出坚实的第一步。

在这里，编者将带您探索，从基本的素描开始，逐渐深入了解透视、形体、色彩等的手绘技法。同时，本书会结合实际案例，让您了解工业设计手绘在真实项目中的应用。通过学习本书内容，您将拥有产品设计概念和构思的能力，这在工业设计中至关重要。

编者相信，每个人都是天生的创造者，只要获得正确的指导和进行坚持不懈的练习，每个人都能成为优秀的工业设计师。本书并不仅仅是一本教材，更是提供创意的工具书。编者希望通过这本书，激发您对工业设计的热爱，让您愿意投入时间和精力去追求更高的设计境界。

请牢记，手绘是表达心灵的窗口。每一条线条、每一处形态都承载着设计师的情感和理念。愿您在本书的陪伴下，不断探索、勇于创新，用您的双手绘制出独一无二的设计之美。

最后，感谢您选择阅读本书。编者由衷地希望本书能够为您的学习与成长带来帮助。愿这段手绘之旅愉快而充实！祝愿各位在手绘设计或考试的道路上取得优异的成绩，同时也在工业设计的舞台上展现出非凡的才华。让我们一起书写出精彩绝伦的设计之章！

书中部分图例来源于网络，原作者无法考证，特此一并感谢原图作者！鉴于编者水平有限，欢迎广大读者提出宝贵意见。

祝您成功！

目录

第一章 导论

1.1 概述

手绘是应用于各个行业的一种手工绘制图案的技术手法。产品设计手绘主要是将设计者的创造性思维进行可视化的一种表现形式，同时也是整个设计流程中进行概念构想和推敲的一个必不可少的过程。它可以帮助设计者将自己一闪而过的一些灵感和想法快速地记录下来，然后再进行不断的推敲和改良，从而使整个专题的设计过程得到进一步的完善。

一般认为，手绘图只要能把设计思想表达清楚，用什么方式表现都可以。工业设计手绘图有自己的专业“语言形式”，虽然看上去是潦草的手绘图，但它包含了很多理性因素，而这些理性因素恰恰反映了工业设计手绘图的专业特点。

手绘图虽然仅是工业设计流程中辅助性的图示语言，但却是由一个初学者成长为工业设计师必须练就的“真功夫”，是每位设计者走向成熟的必经之路。尽管手绘学习过程比较枯燥，充满着艰辛和迷茫，可一旦成功地跨越这段枯燥期，设计者便能驾驭手绘“语言”，快速表达设计思想，从而提高产品设计的工作效率。

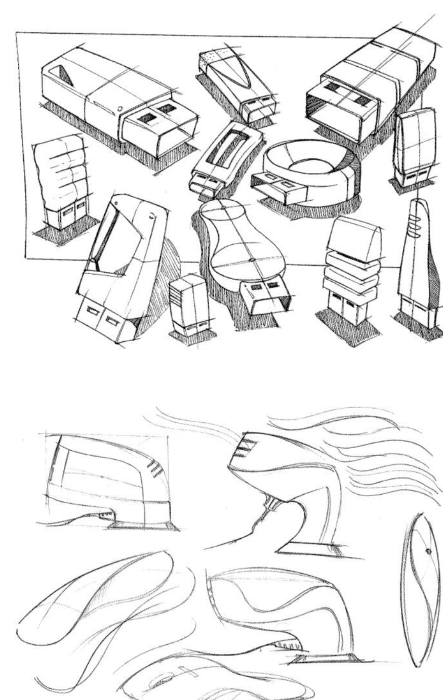

1.2 目的与意义

产品设计方案在投入具体的实践和生产之前，需要有一个将设计概念可视化，然后再进行反复修改及筛选的过程。在这个过程中，设计师为了更为清楚地表达出设计想法，往往要针对一个设想尝试作出更多方向的草图，比如造型演变、局部解析图、产品使用场景构想图、三视图等。手绘作为一种较为快速、直接、高效的表达手段，在整个设计流程中起到如下几个作用：

1. 帮助产生更多创意构想：在产品方案设计初期的头脑风暴过程中，手绘草图可以利用其便捷和快速的特点帮助我们在创意风暴阶段记录下更多的构思，为后期的方案深入和甄选过程提供更多的选择和可能性。

2. 实现设计创意点的可视化：一个设计团队在刚接触到一个专题时，往往无法立即呈现出一套特别完善的方案。如果想得到一个很好的创意点，设计师需要在有目的地进行概念描绘时得到一些偶然却不意外的想法，并将它们通过二维的方式可视化。

3. 有助于进行方案的对比和择优工作：手绘草图可以便捷和快速地帮助我们呈现出更多的构思，我们可将多个方案进行探讨和对比，从而得到一个较为可行的方案继续深入。

4. 有利于结构合理性探讨：一个产品专题的成功开发，是需要很多部门进行交叉式的交流和沟通的。特别是在方案深入和改进的过程中，造型设计人员需要同结构工程师进行一定的沟通和讨论，以确保该方案在材料以及结构等方面是合理可行的。

5. 实施方案造型比例及细节的完善：在初期的设计方案构想阶段，我们虽然不需要将一个方案完善到十分合理（在此阶段也无法得到十分完善的方案），但是也需要将产品的尺寸、比例以及局部结构零件等因素考虑到其中，这样才能为我们后期的设计开发工作减轻负担。

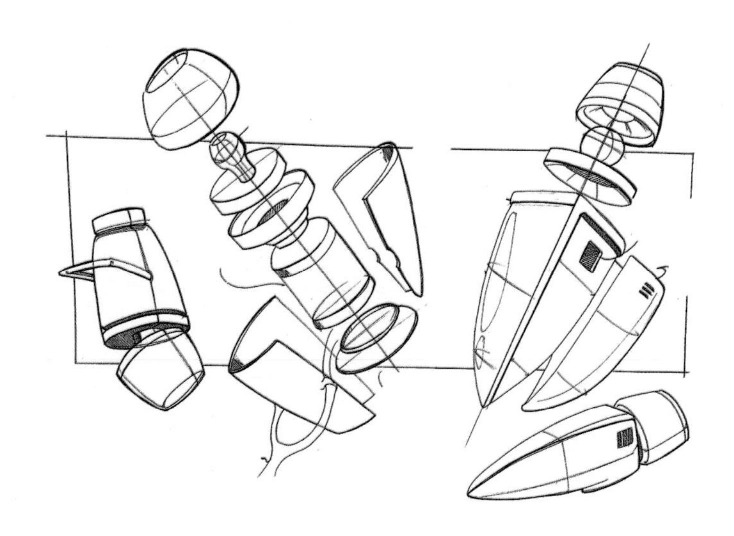

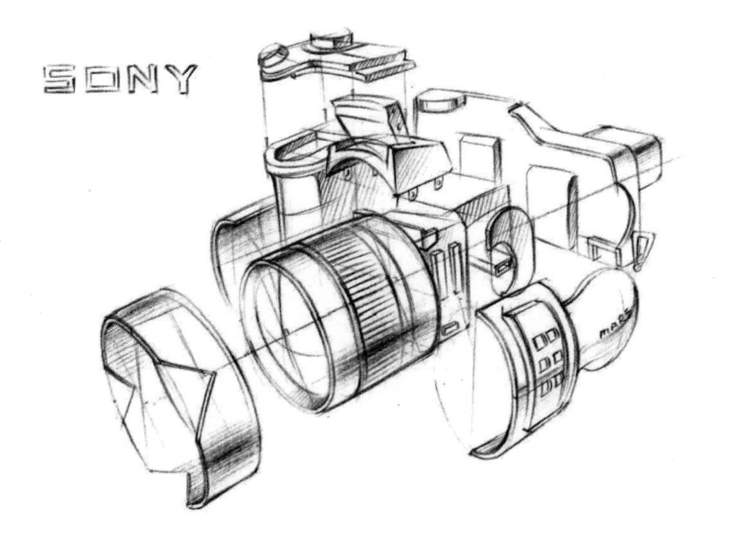

1.3 工具

A. 笔类

1. 马克笔。马克笔(marker pen)又名记号笔，是一种书写或绘画用的彩色笔，本身含有墨水，且通常附有笔盖，一般拥有坚硬笔头。它的墨水具有易挥发性，一般用于一次性快速绘图，常使用于物品设计、海报绘制或其他美术创作等场合。马克笔可分为油性和水性两类。

油性马克笔：通常以甲苯为溶剂，具有浸透性，挥发较快，具有印刷油墨效果。油性马克笔使用范围广，能在诸多材质如玻璃、金属等表面上使用，它不溶于水，所以也可以与水性马克笔混合使用。

水性马克笔：绘画效果与水彩相近，笔头形状有尖头、方头及圆头等，适用于表现不同面积的画面与刻画粗细线条。

2. 彩色铅笔。彩色铅笔是常用的草图绘制工具。彩色铅笔因为色彩丰富，表现力较强，很受设计师的欢迎。彩色铅笔分为水溶性彩色铅笔(可以在涂抹铅粉的基础上蘸水化开，当水彩笔使用)和油性彩色铅笔。

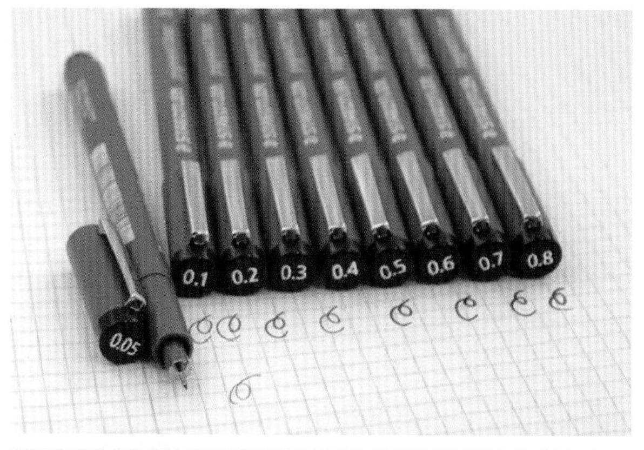

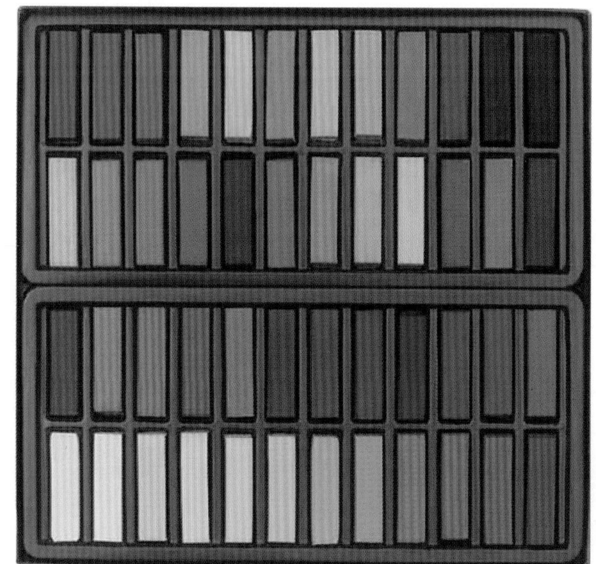

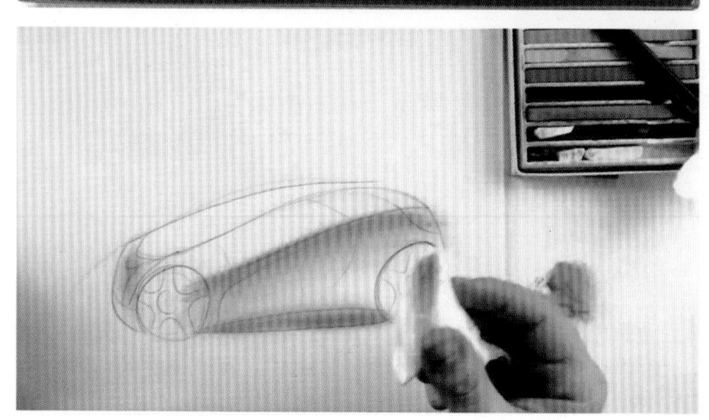

3. 针管笔。针管笔是一次性水笔，可免除灌墨水和清洗的烦恼。针管笔有不同型号，型号不同，笔头粗细也不同。笔头越粗，出水量越大，描绘出来的线条也越粗。针管笔价格低廉，使用成本较低，因而很受设计师的欢迎。但用针管笔作图不可更改，因此对造型准确度要求较高，有利于锻炼全局和整体的把握能力。

4. 色粉笔。色粉笔是一种用颜料粉末制成的干粉笔，在产品设计手绘过程中，我们一般都是将其刮成粉末然后在画面上进行涂抹绘制的，用它画出的图稿效果一般都非常细腻且过渡自然。

5. 高光笔。高光笔的覆盖力强，适用于玻璃、塑料、金属、木材、陶瓷等。

B. 纸张

纸张的品种繁多，一般以克数等区分，克数越大纸张越厚。此外，纸张还有肌理、密度、吸水性强弱的区别。密度越大，纸张越细腻。吸水性和纸张的光洁度有关，越是光洁度高的纸张吸水性越弱，越是粗糙的纸张吸水性越强。

1. 有光泽的纸张。有光泽的纸张一般指表面光洁润滑的纸张，如白卡纸、印刷用铜版纸等。这类纸张由于表面光滑，吸水性弱，因而在其上勾画出来的线条往往细腻流畅，选用油性马克笔上色更有出色的表现，能将马克笔艳丽的色彩淋漓尽致地表达出来，由于这类纸张吸水性弱，马克笔颜色也显得比较淡而透明。

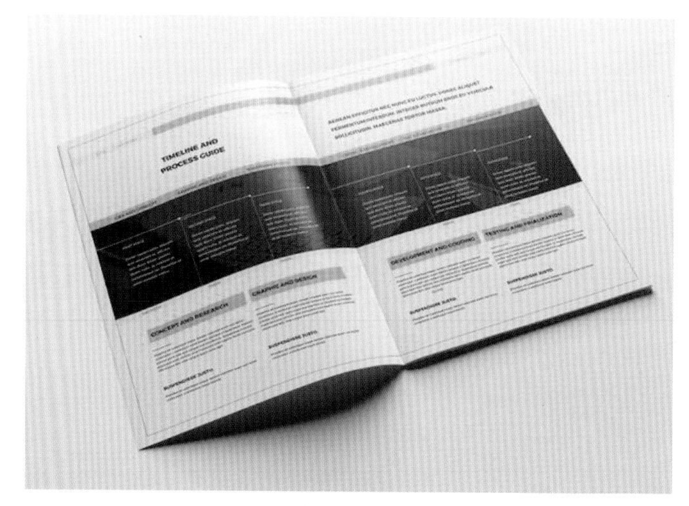

2. 无光泽的纸张。无光泽的纸张一般指表面无光泽、纸纹肌理比较粗糙、手摸时有明显摩擦阻力的纸，如水彩纸、素描纸、速写纸、打印纸、复印纸、宣纸、新闻纸等。无光泽的纸张对铅笔粉、色粉笔粉末会有较大的附着力，在其上勾勒出来的线条也会显得略微粗糙；无光泽的纸张吸水性相对较强，各种颜料均可上色，上色后颜色的饱和度比较好，需要表现色泽浓艳的效果时，使用水性颜料更佳，但色彩艳丽度不及油性马克笔在有光泽的纸上的表现。

3. 色卡纸。一般文具商店均有 A4 大小的色卡纸可买，纸张有厚有薄，有光泽、无光泽的均有。一般可以选择色彩偏灰色系的色卡纸，在速写或效果图的表现中，色卡纸的颜色就可以作为产品的基本色（或中间色）。

C. 其他辅助工具

1. 设计模板：如各种曲线板（可画出各种抛物线）、椭圆模版（可画各种大小的椭圆以及圆面的透视状态）、圆形模板等。

2. 界尺：一边有槽沟、没有刻度的尺子。画产品彩色效果图中的直线或整齐的色块会使用到。

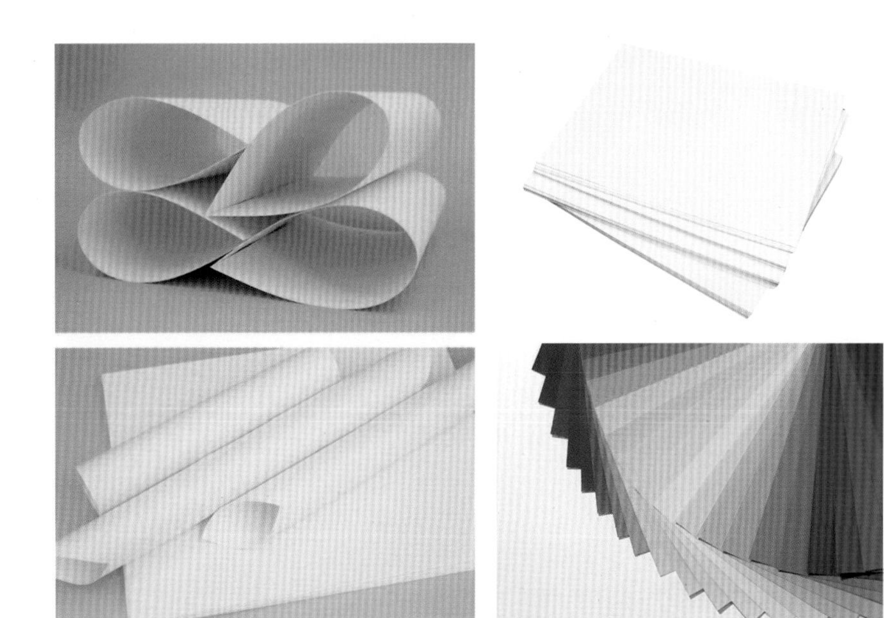

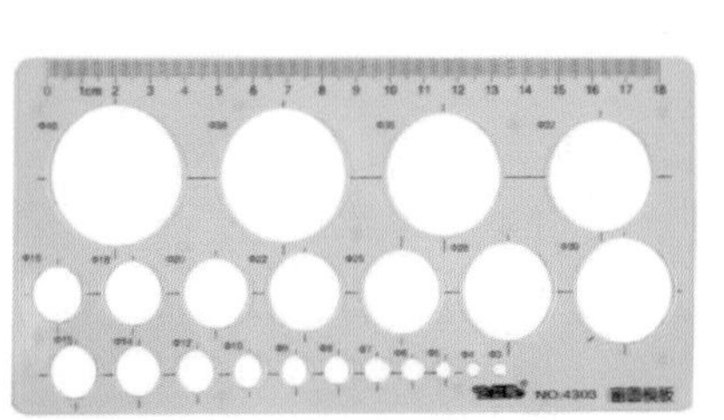

1.4 绘图时的发力点

要绘制不同长度的线条，需使用不同的发力点。通常来说，手绘时大部分线条都是靠手腕发力来画的；对于长度超过手腕发力能画的长度的线条，画越长的线需要发力点离笔尖越远。画好线条的重点是联系手腕、手肘与手臂。一般来说，看向线条终点才能更好地画线条。

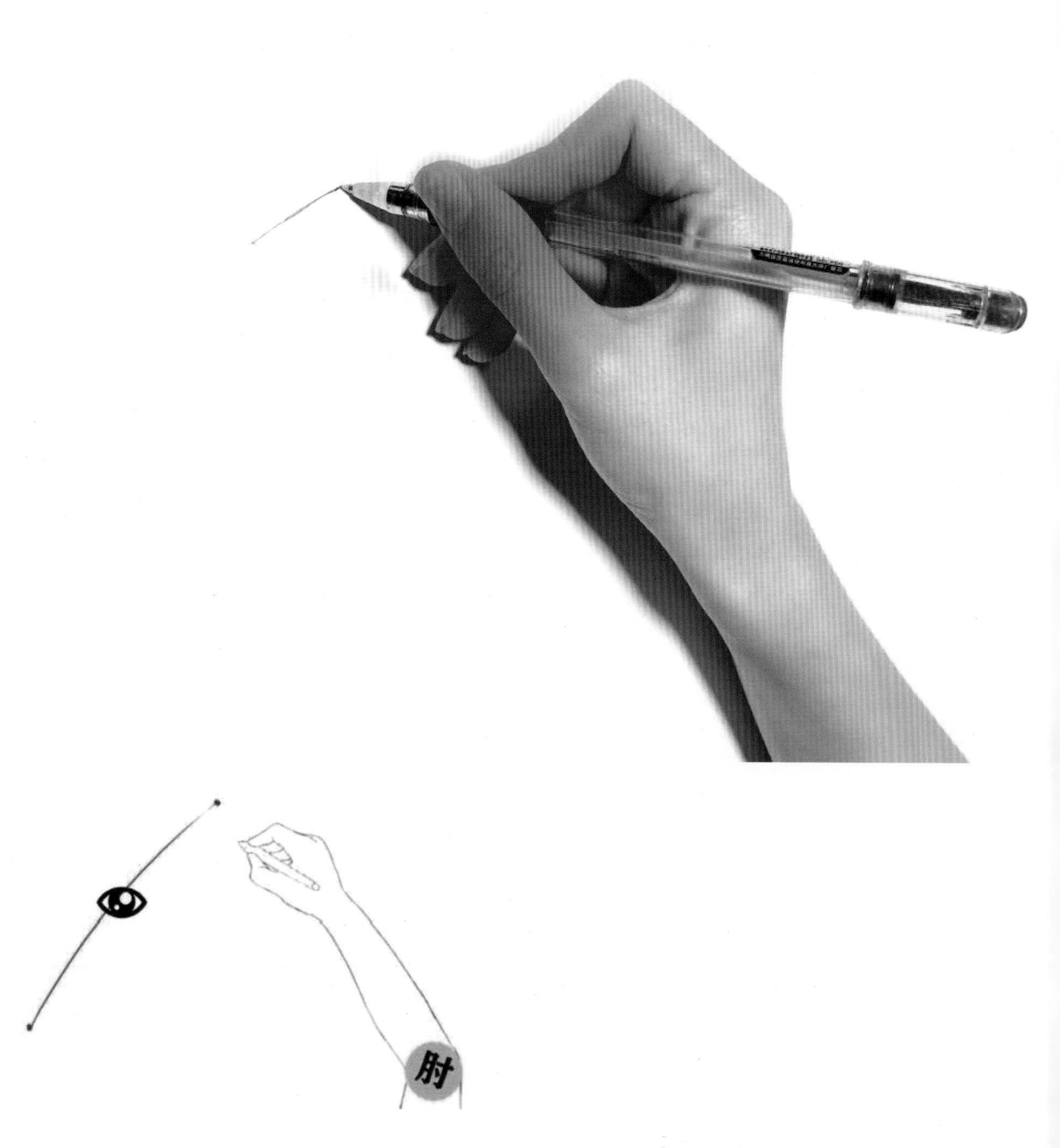

第二章 线条表现

2.1 不同线条表现方法

线条的绘制水准会在很大程度上影响一张画的效果，由此可见，线条是手绘作品的一个重要组成部分。但是切记，不要过分地夸大线条所占的比重，一味地盲目追求线条的飘逸潇洒，而忽略了线稿的准确度。如果一直这样错误地练习，很有可能无法取得实质上的进步，因为作画者沉浸在自己所谓的飘逸线条里不能自拔，而旁观者看到的却是满眼的其他方面的错误。线的练习是徒手表现的基础，线是造型艺术中重要的元素之一，看似简单，其实千变万化。徒手表现主要强调线的美感，线条变化包括线的快慢、虚实、轻重、曲直等，要把线条画出美感，让其有气势、有生命力并不容易，要进行大量的练习。可以从画直线(竖线、斜线)、曲线等练习开始，待画线熟练以后，再画几何形体。

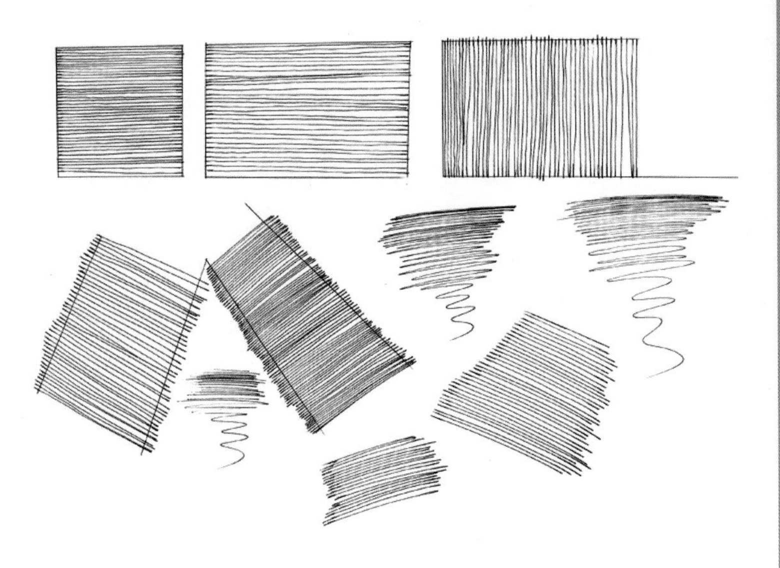

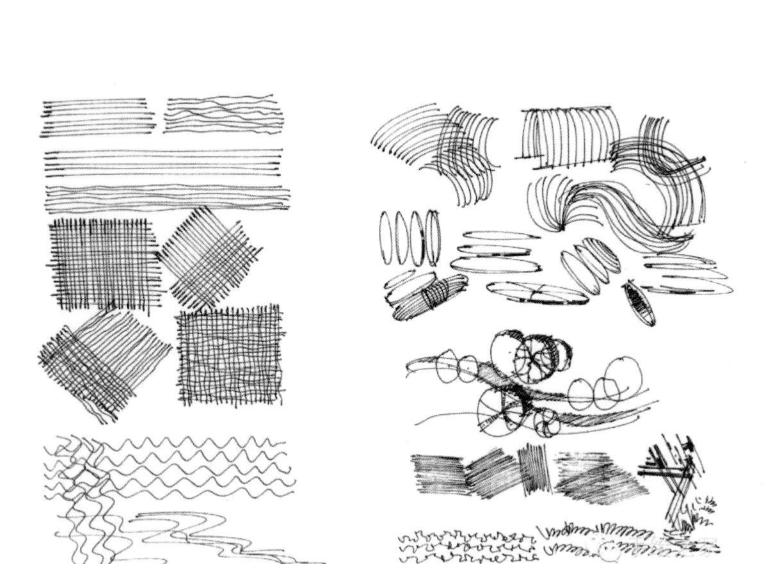

2.2 直线与曲线

1. 直线。直线要有变化，线要画得刚劲有力。可以使用定点连线的方法去进行直线绘制练习。

2. 曲线。和直线一样，曲线也可以采用定点连线的方式来练习。只是曲线的控制点由直线的两点变成了三点，我们可以通过三个点的具体位置来调节整条曲线的弧度。同时，在我们刻画具有简单曲面的产品时，也可以通过调节控制点来增强整体效果的准确性。

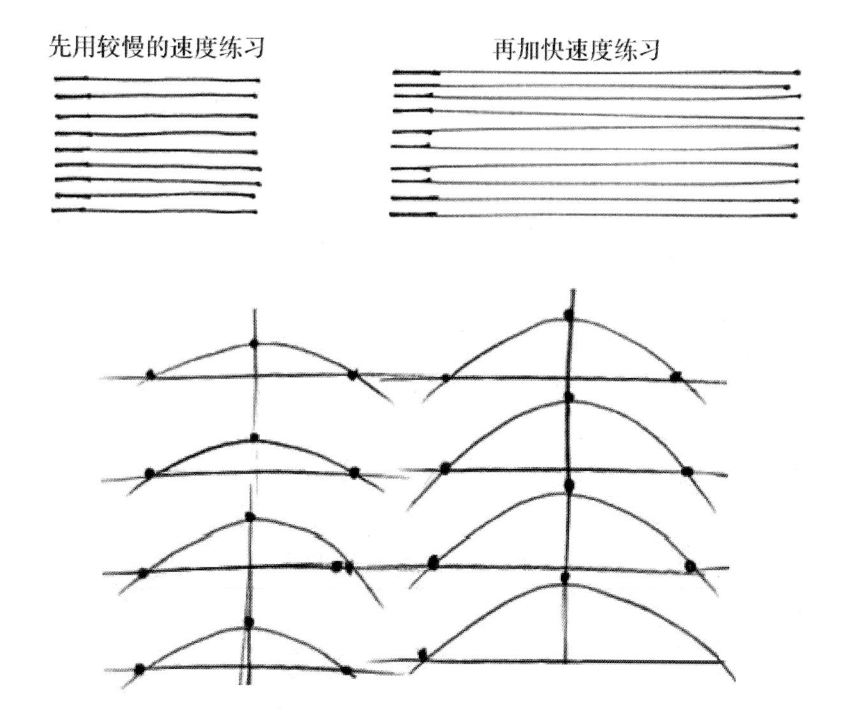

2.3 结构线

产品形态的线条表现一般都要体现出速度感和流畅感，而其中往往包括 3 种线条。

1. 外轮廓线：可突出展现产品的特征，使形体更加清晰，有些时候可加重外轮廓线形成很强的对比效果。

2. 基本结构线：主要表达产品的各部分组成的基本形态，通常近实远虚。

3. 剖面、截面线：主要用来衬托产品的立体空间结构变化特征，能够使产品图更具有体量感，特别适合表现有曲面变化的形态。

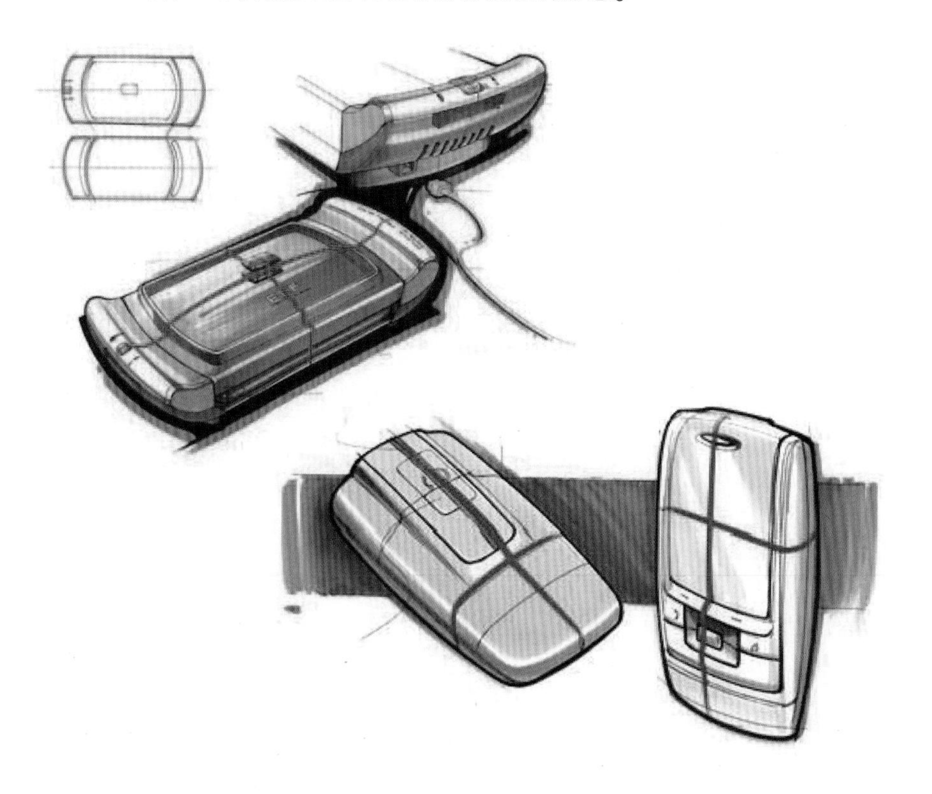

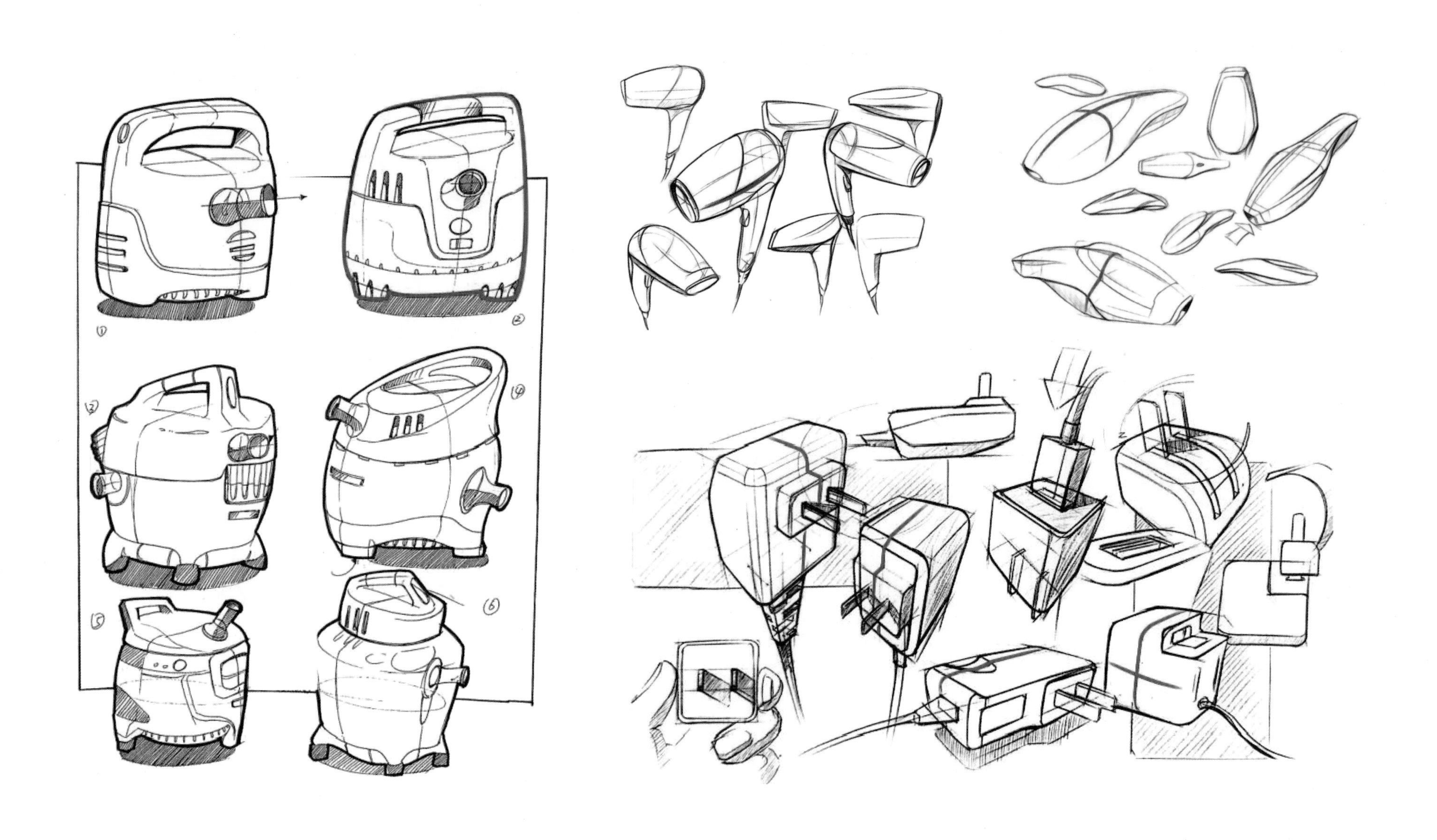

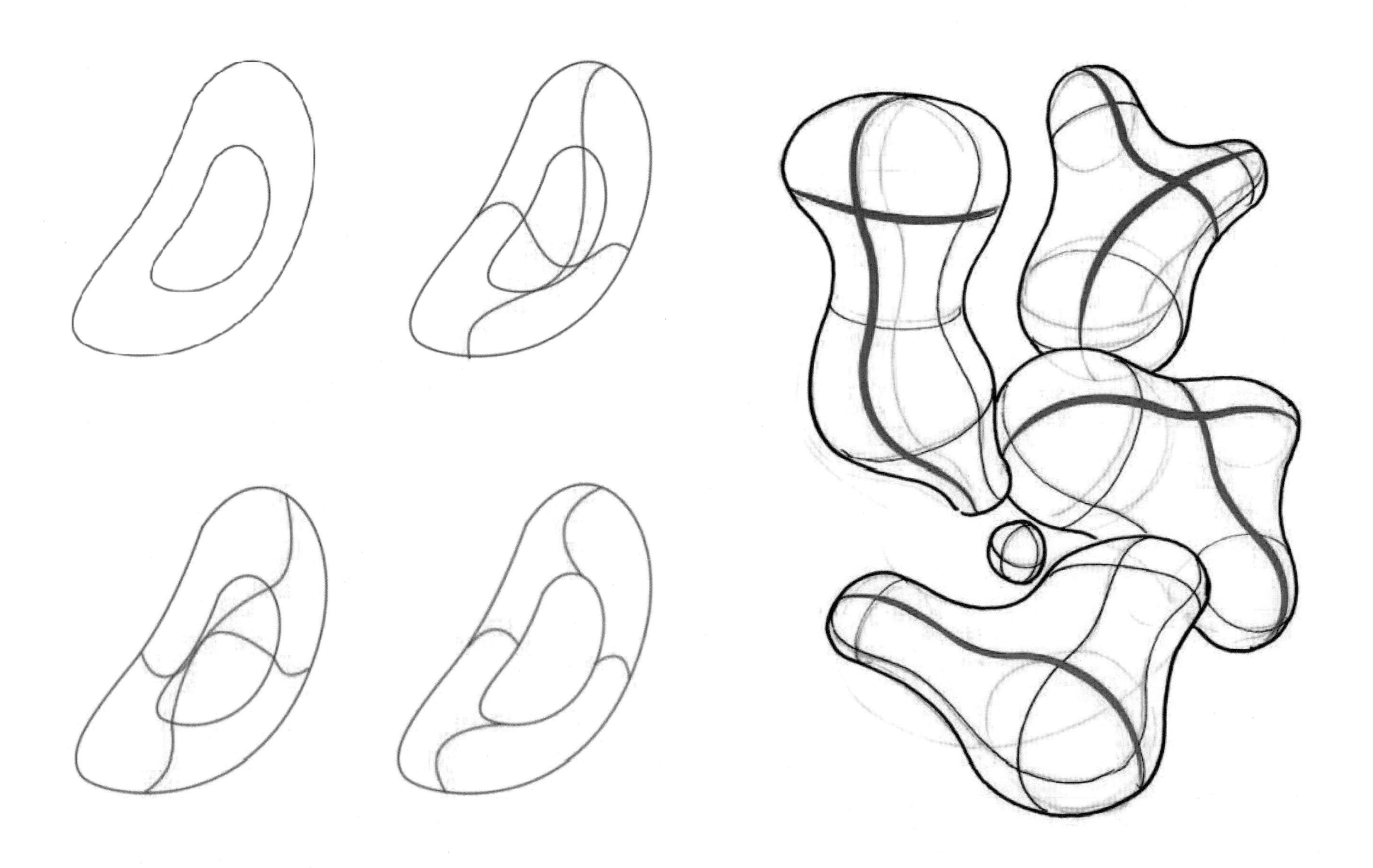

2.4 材质线

使用线条还可以组合成不同的肌理图形，便于表现产品形体的不同构成材质。例如，木纹的线条排列有松有紧，针织物品线条表达较规则且紧凑。

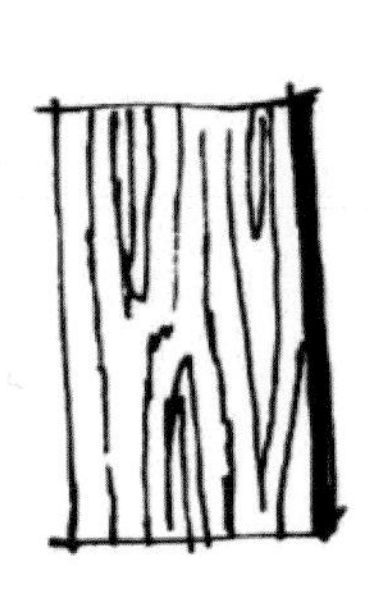

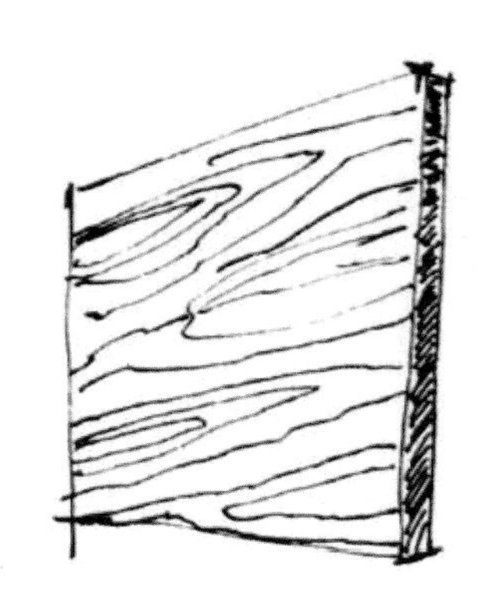

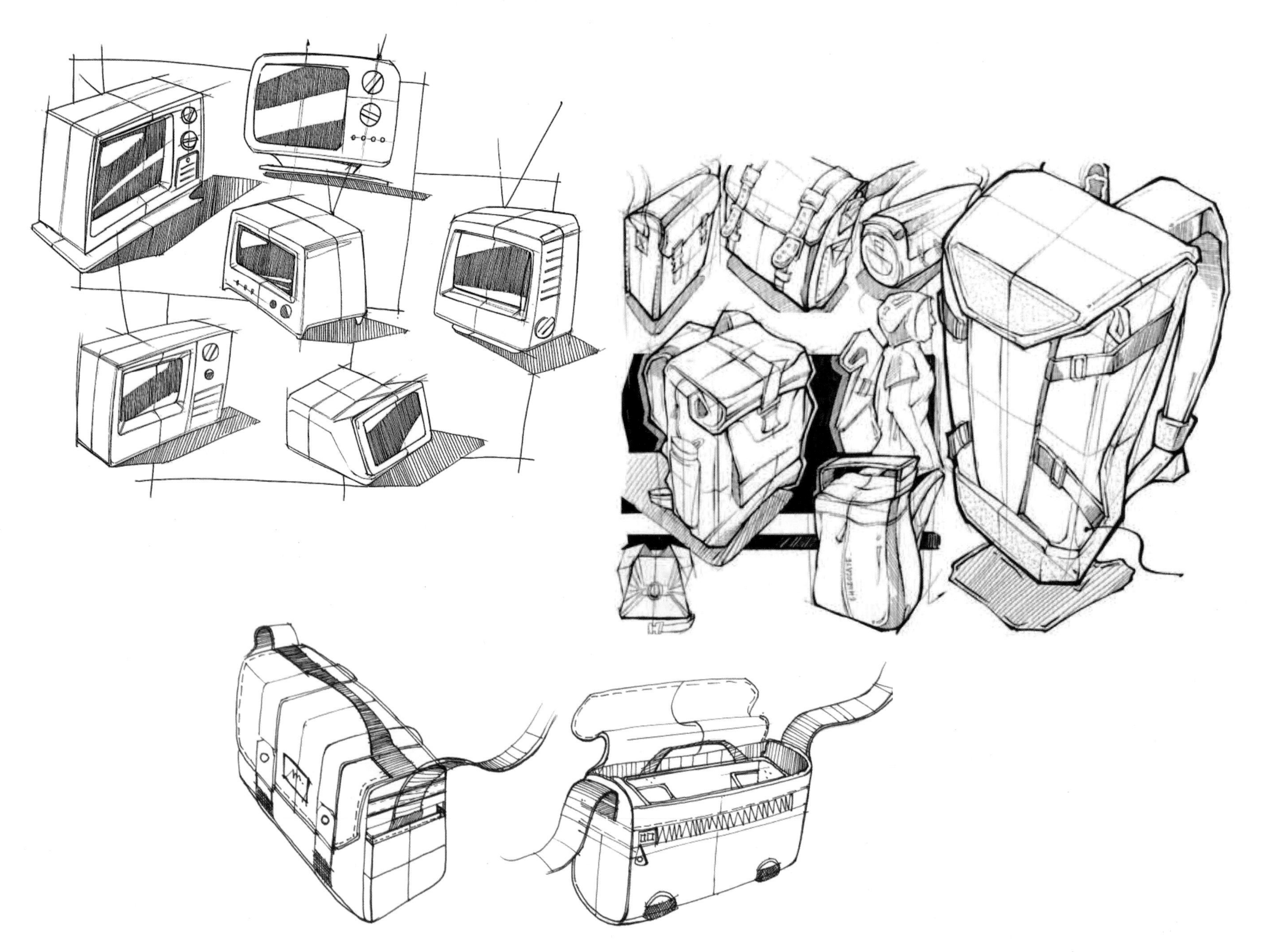

2.5 线条的综合运用

在手绘表现过程中，线条的运用非常重要，它是手绘表现的灵魂和生命，初学者要经常画一些不同的线条，并用它们来组合成一些不同的形体。线条绘制的好坏能直接反映出一个人水平的高低。我们可加强线条绘制的训练，并运用其进行不同组合，便于以后使用。

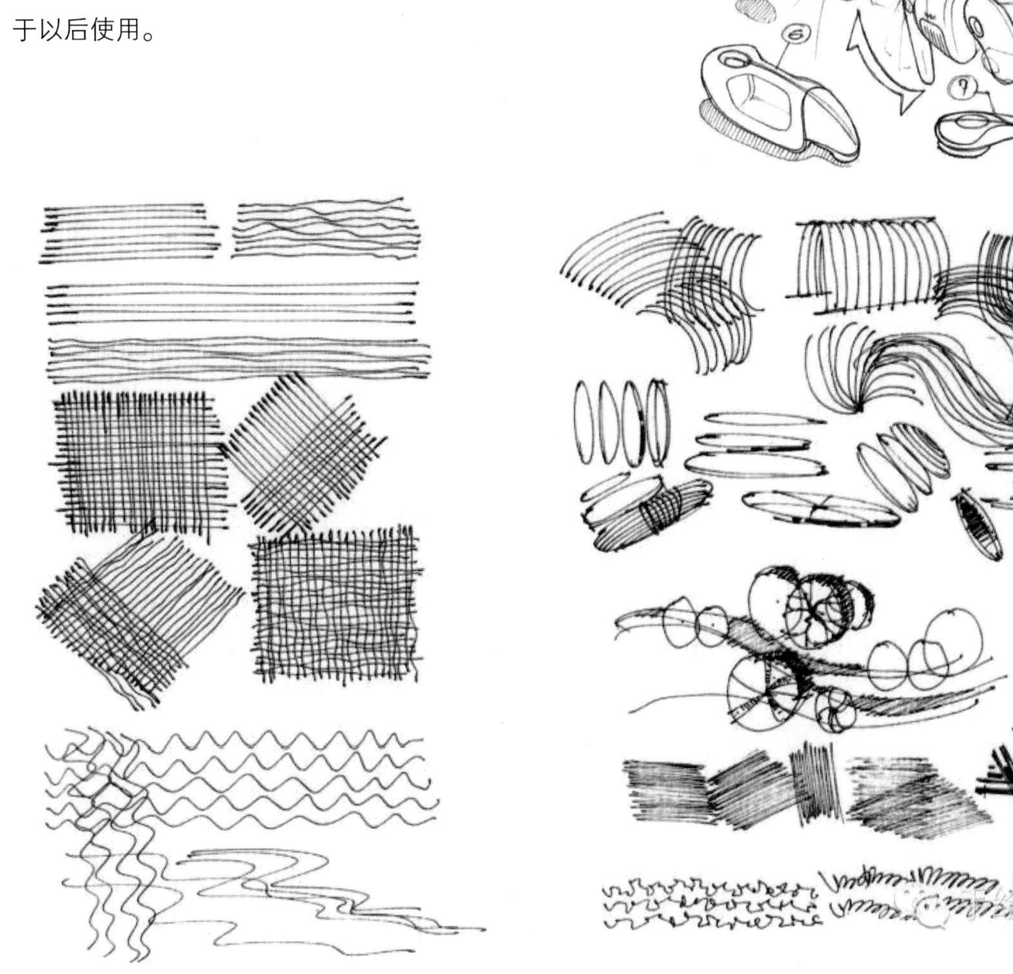

第三章

透视

3.1 一点透视

一点透视也称为平行透视，是一种基本的透视方法。在一点透视中，物体有两种面，一种平行于画面，另一种聚集于一个消失点。一点透视表现范围广，纵深感强，适合表现庄重、严肃的室内空间；缺点是比较呆板，与真实效果有一定距离。

一点透视绘图特点：

1. 画面中只有唯一一个消失点。

2. 画面中所有的横向线平行于纸的横边，所有的竖线垂直于纸的横边。

3. 画面中所有的斜线都经过消失点。

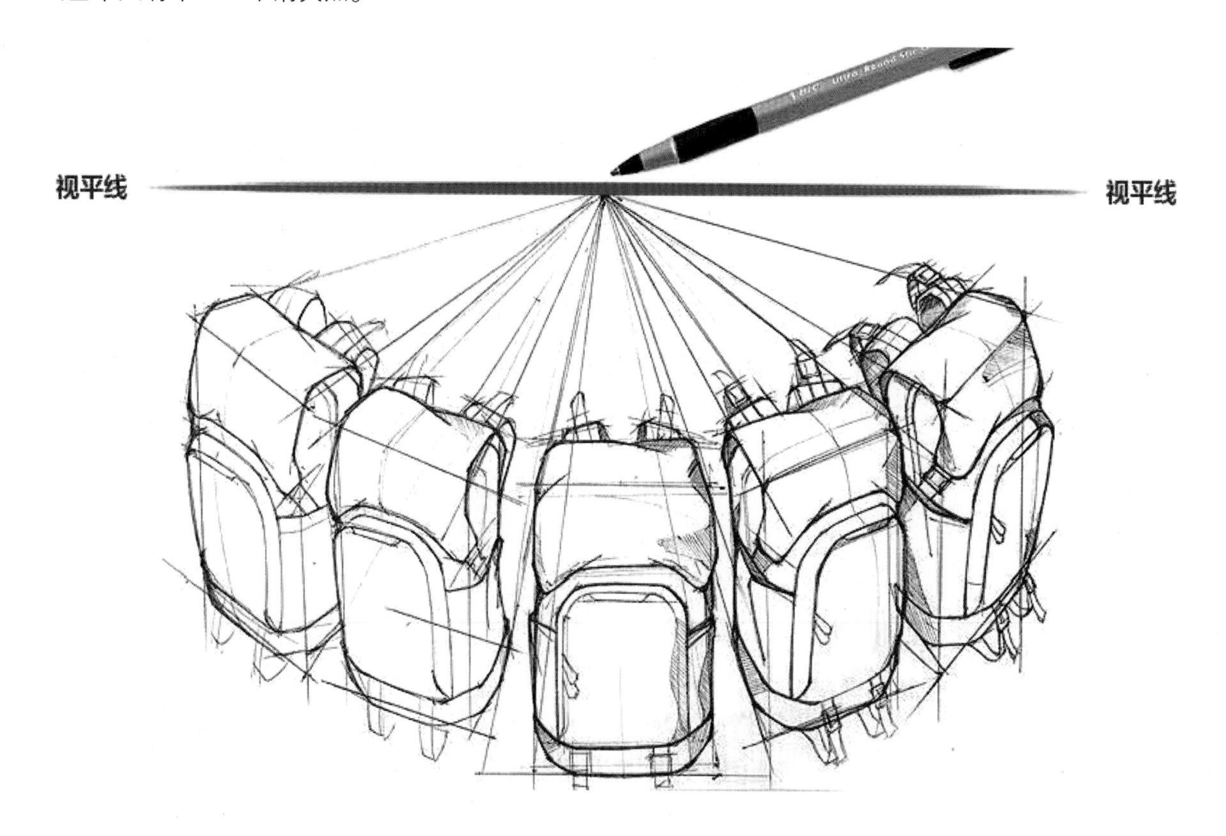

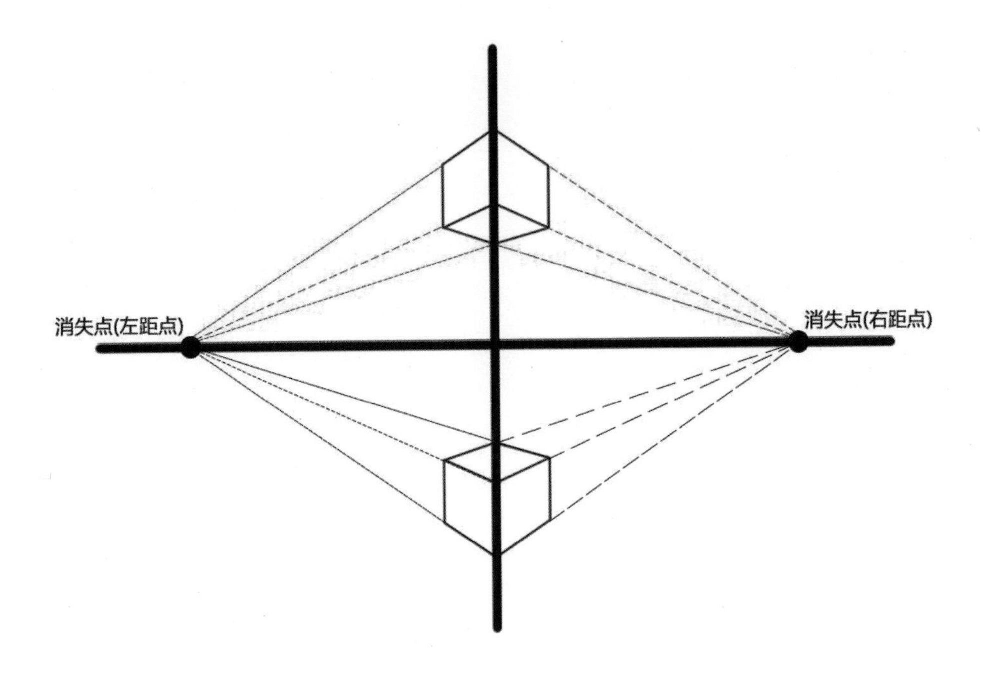

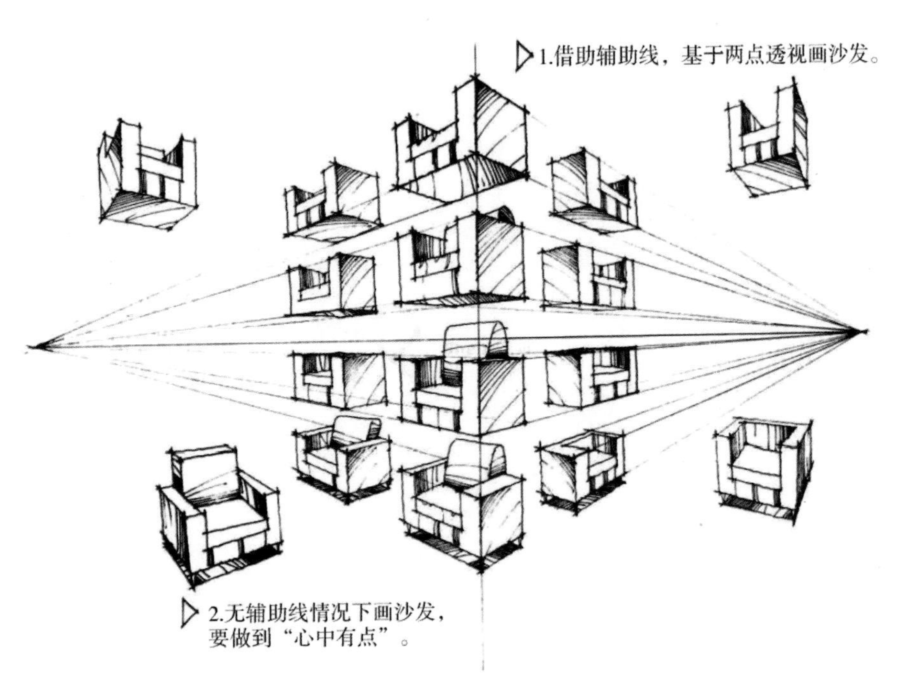

1.借助辅助线，基于两点透视画沙发。
2.无辅助线情况下画沙发，
要做到“心中有点”。

3.2 两点透视

两点透视也称为成角透视，是指物体上的垂直线与画面平行，其他线与画面成一定的角度，共有两个消失点。两点透视的画面效果比较自由、活泼，能比较真实地反映空间特点；缺点是角度选择不好易产生变形。

两点透视绘图特点：

1. 画面中有左、右两个消失点，而且这两个消失点在同一条水平直线上。

2. 画面中所有向左倾斜的线过左消失点，所有向右倾斜的线过右消失点，所有竖线垂直于纸的横边。

3.3 三点透视

物体的各面均与画面成一定的角度，物体上的棱线消失于三个消失点，这种透视现象称为三点透视，也称为斜角透视。三点透视多用于高层建筑透视表现。三点透视具有强烈的透视感，特别适合表现高大的建筑和规模宏大的城市建筑群等，也是一种常用的透视形式。

三点透视绘图特点：

1. 拥有三个消失点。

2. 线条往上聚集于天点，往下聚集于地点，天点和地点均为消失点。

3. 正方体的三点透视图中，在俯视或仰视的状态下，竖直线条依旧竖直，两侧线条会呈现倾斜的状态。

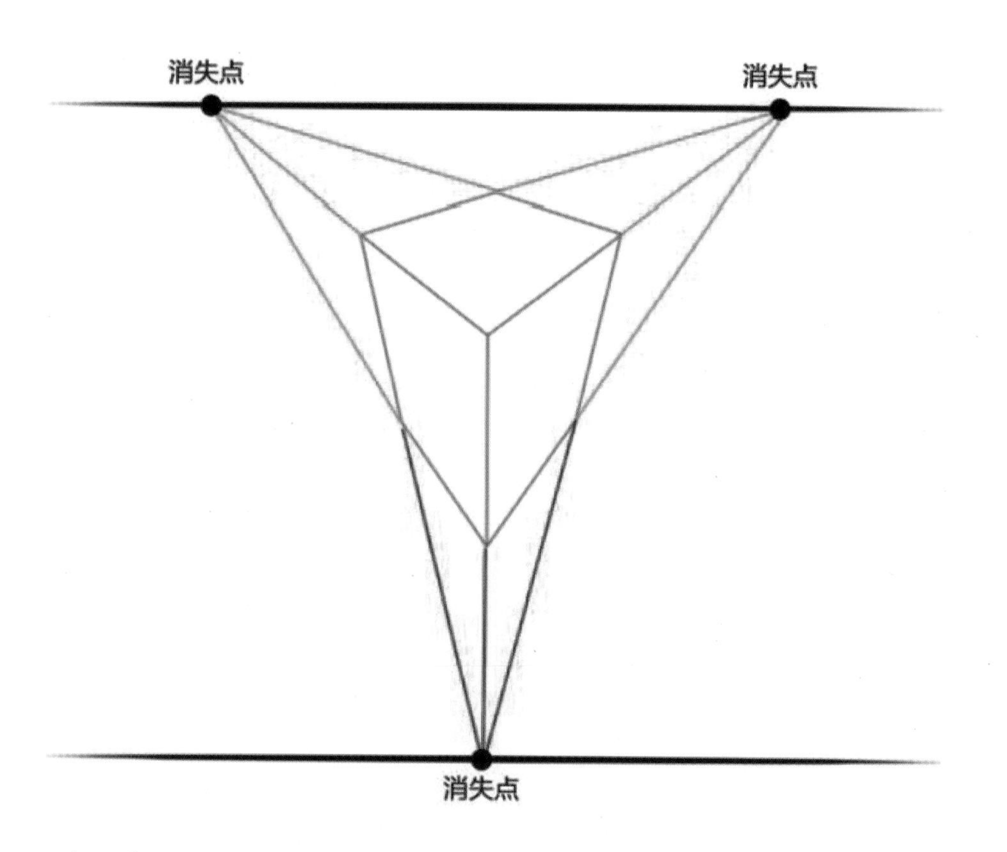

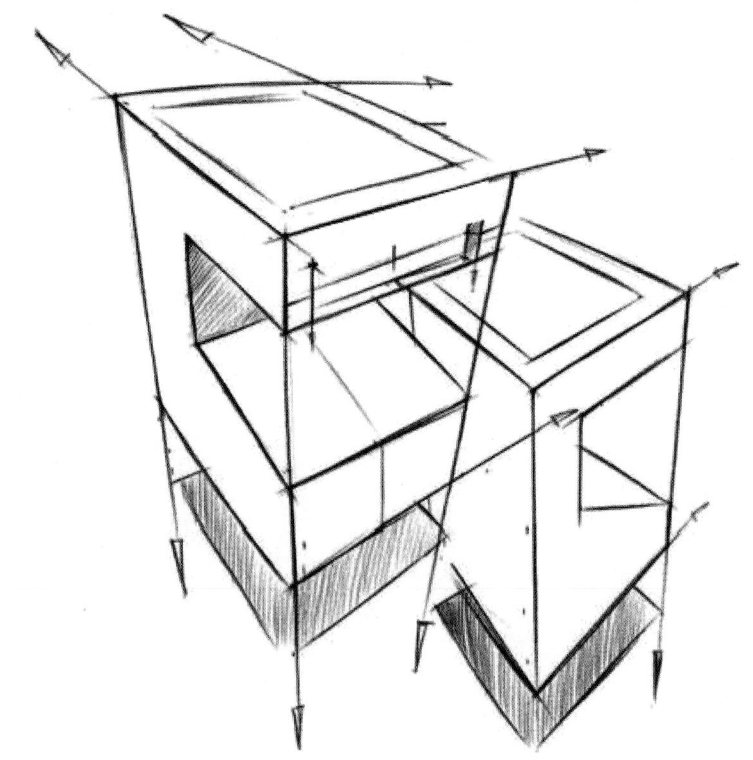

3.4 透视表现

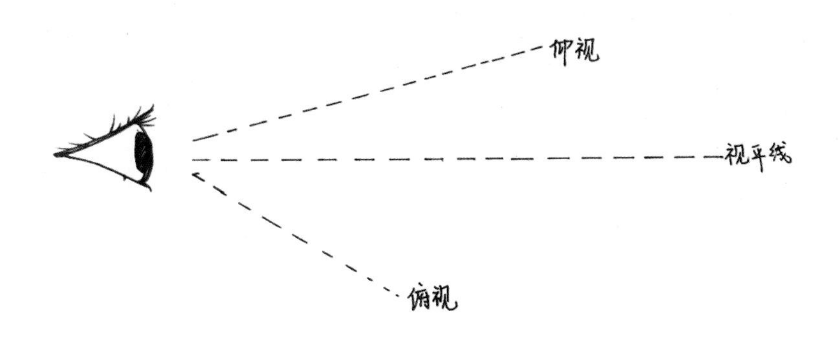

A. 仰视

当我们的视中线指向高于视平线的区域时，出现在我们的视锥区域中的物体则是被我们仰视的，比如天花板上的吊灯、天空中的风筝等。

B. 俯视

当我们的视中线指向低于视平线的区域时，出现在我们的视锥区域中的物体则是被我们俯视的。一般产品体积都比较小，所以俯视是我们在进行产品设计手绘时常用的视角。

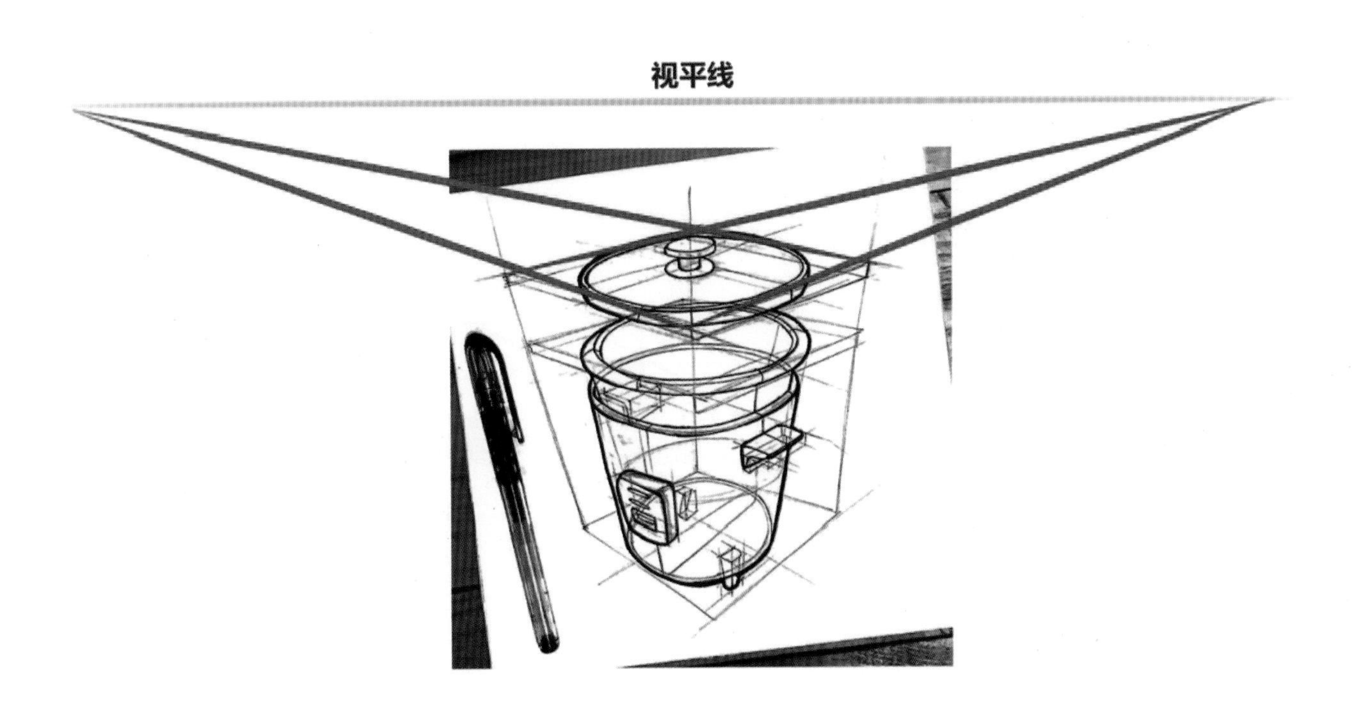

4.1 正方体与长方体

正方体是用六个完全相同的正方形围成的立体图形，也是侧面和底面均为正方形的直平行六面体，即棱长都相等的六面体，又称立方体或正六面体。六个面中有四个或六个面为长方形即为长方体。正方体是特殊的长方体。

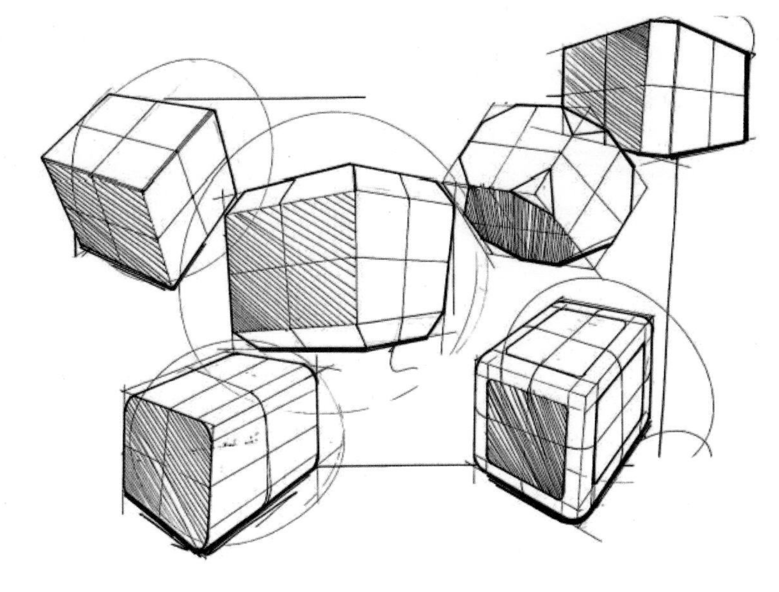

第四章

基本
几何形体

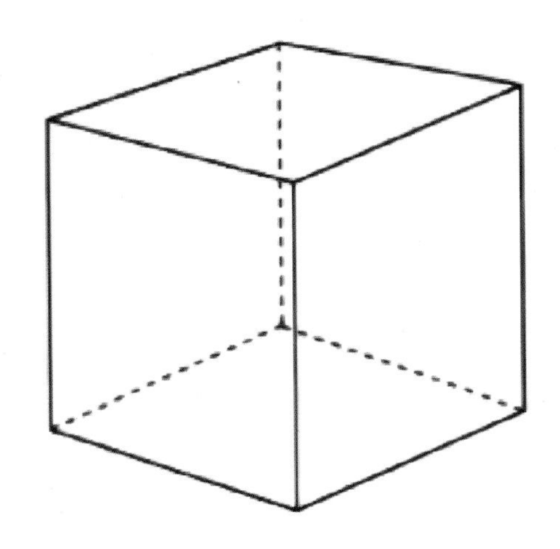

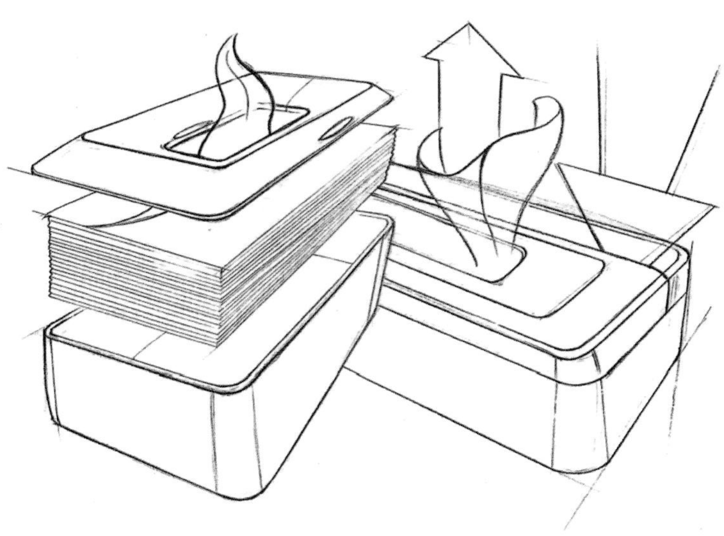

DENG.ZHAO

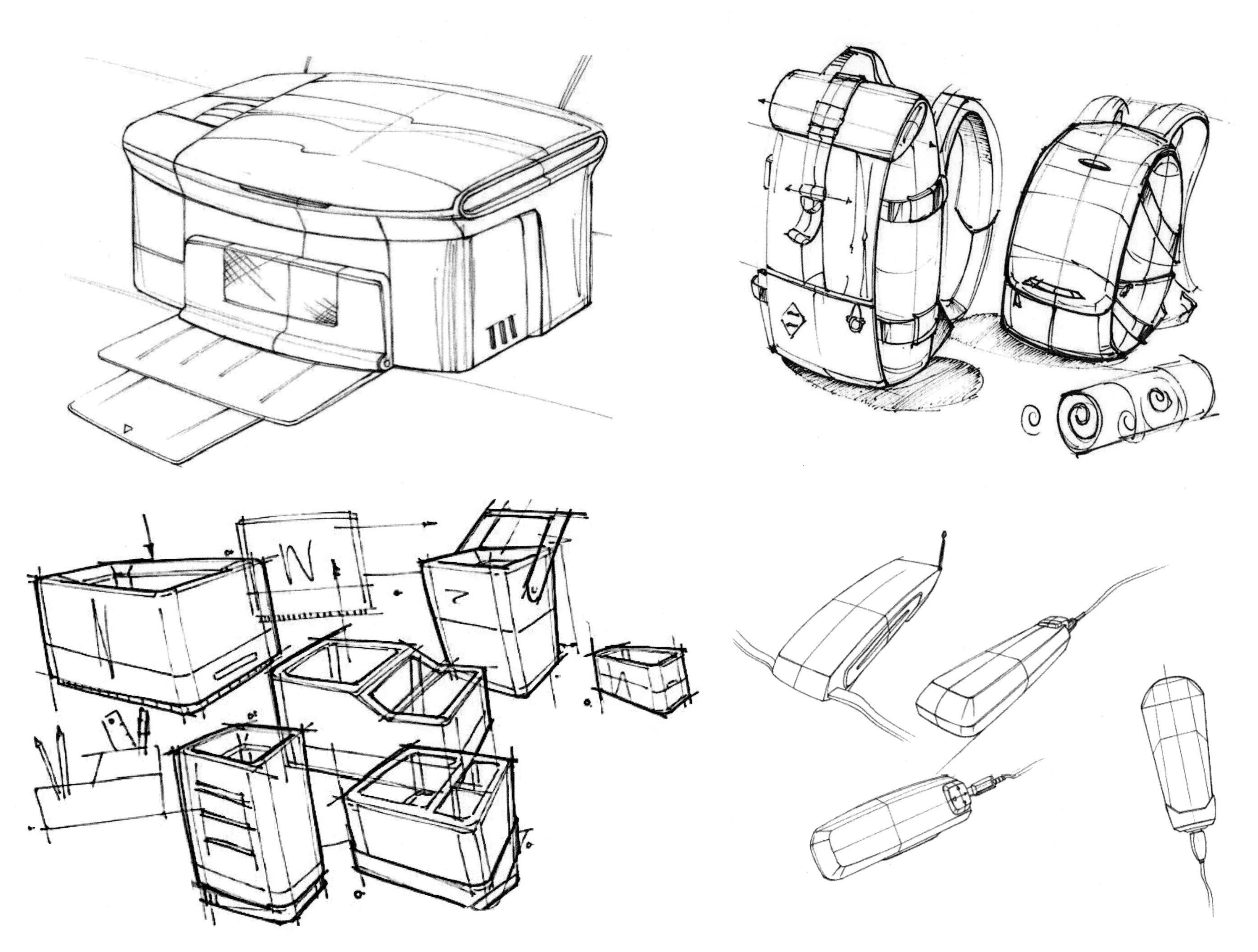

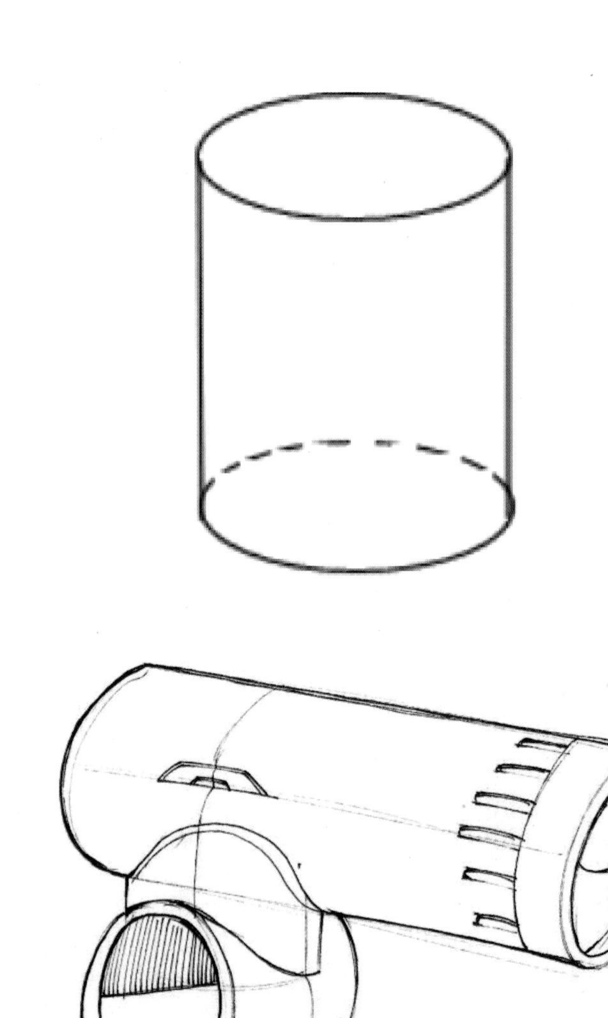

4.2 柱体

柱体是多面体，往往有两个面互相平行且全等，余下的面为曲面或平面。产品设计手绘表现对象常为柱体或类似柱体。

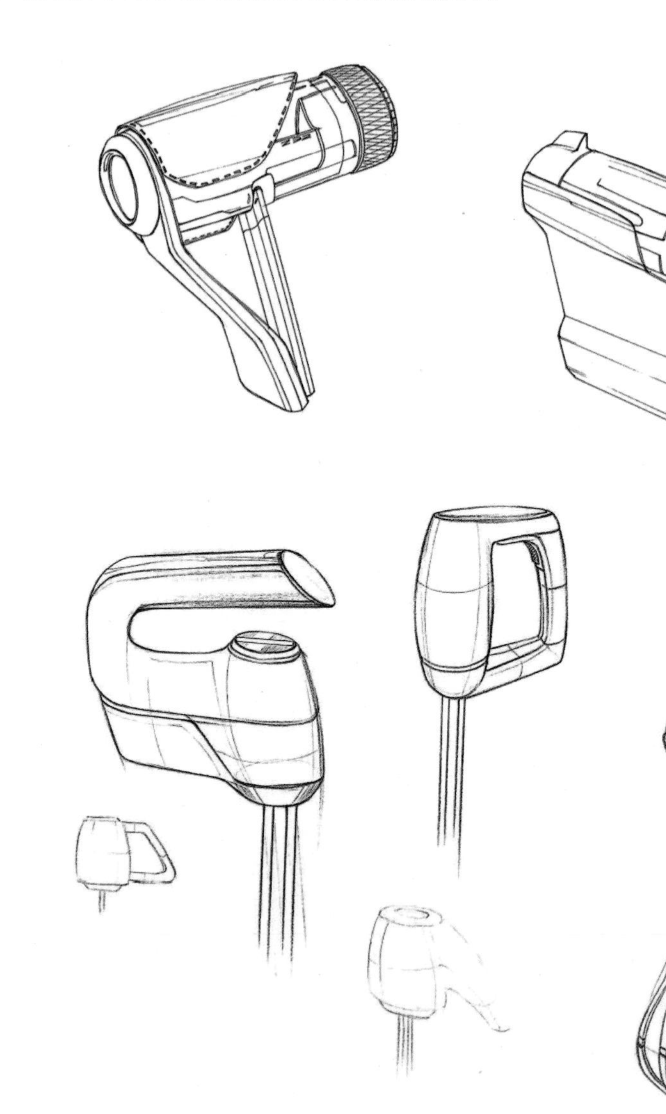

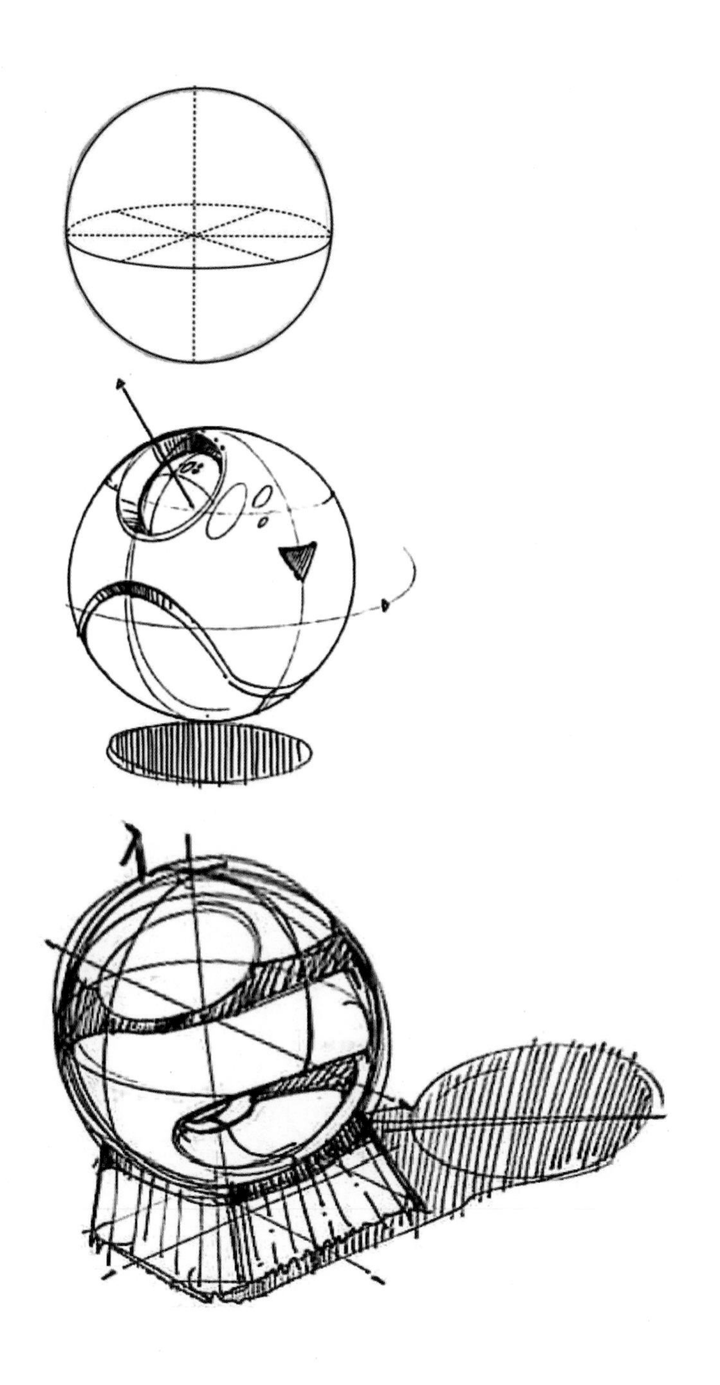

4.3 球体

一个圆绕直径所在直线旋转一周所成的空间几何体叫作球体，简称球，圆的半径即是球体的半径。球体是有且只有一个连续曲面的立体图形，这个连续曲面叫球面。

球体在任意一个平面上的正投影都是等大的圆，且投影圆直径等于球体直径。

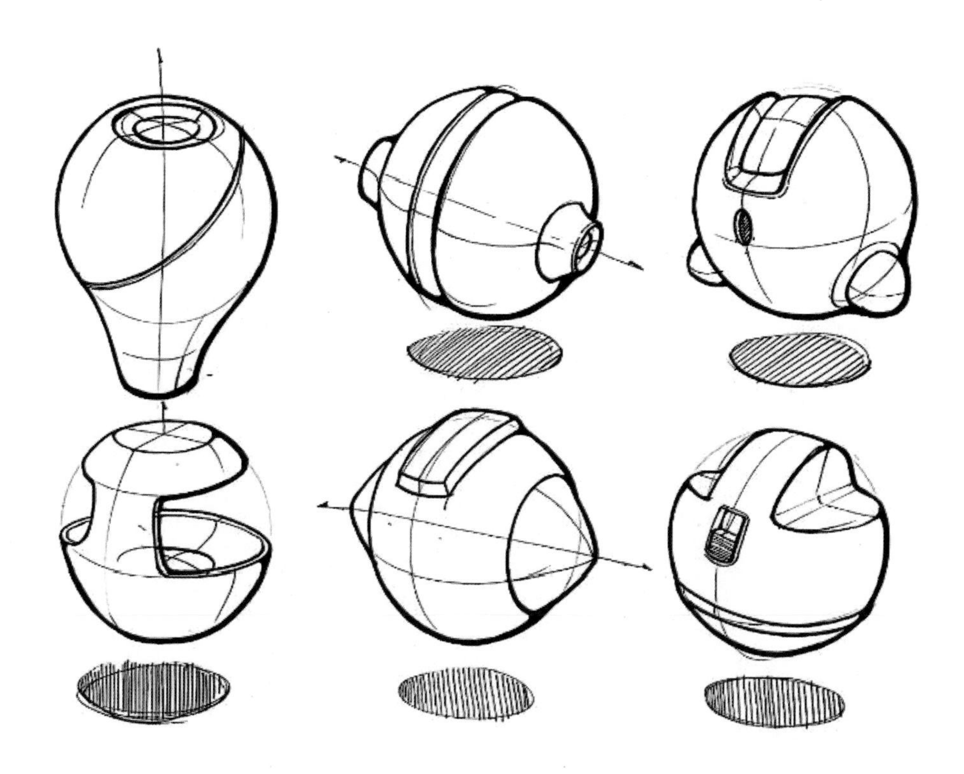

4.4 锥体

圆锥(circular cone)和棱锥(pyramid)这样的立体图形统称锥体。直角三角形以一个直角边为轴旋转一周所得到的立体图形就是圆锥。

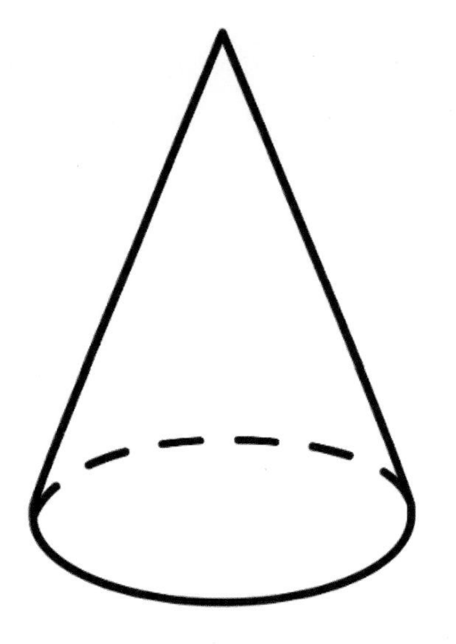

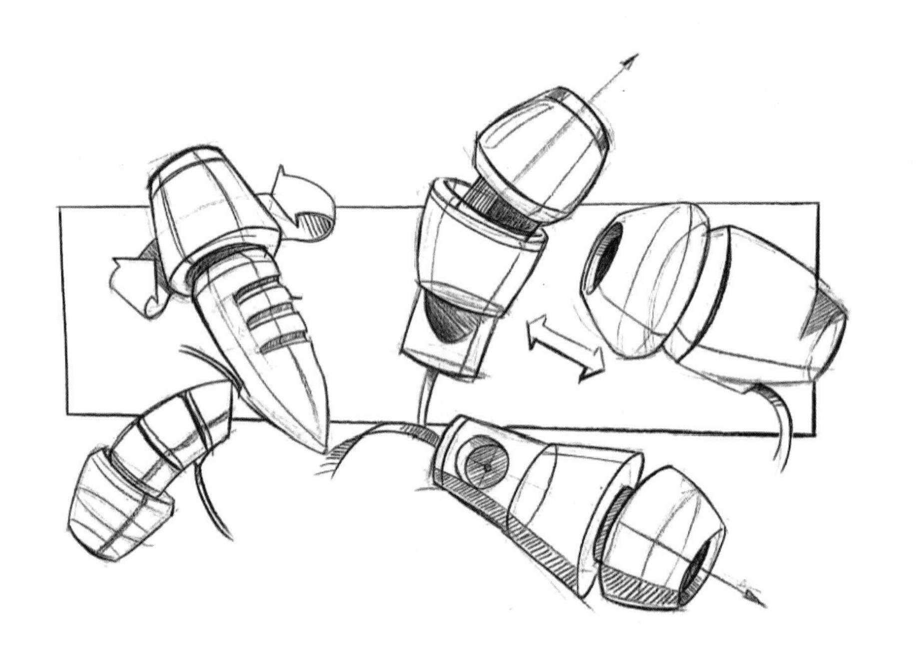

第五章

复合几何体

在手绘表现当中，产品形态主要运用了布尔运算当中的并集(A∪B)、交集(A∩B)和差集。

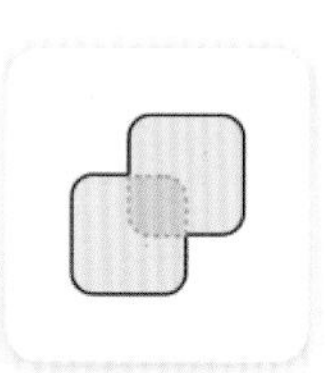

并集

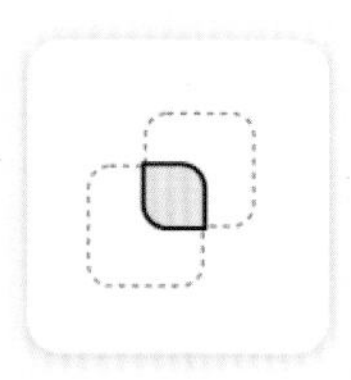

交集

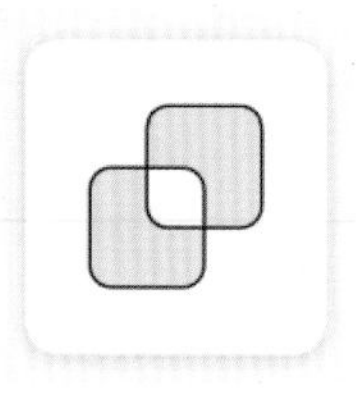

差集

5.1 布尔并集

布尔并集常用来将两个造型合并，重叠的部分将仅保留一份，运算完成后两个物体将成为一个整体。

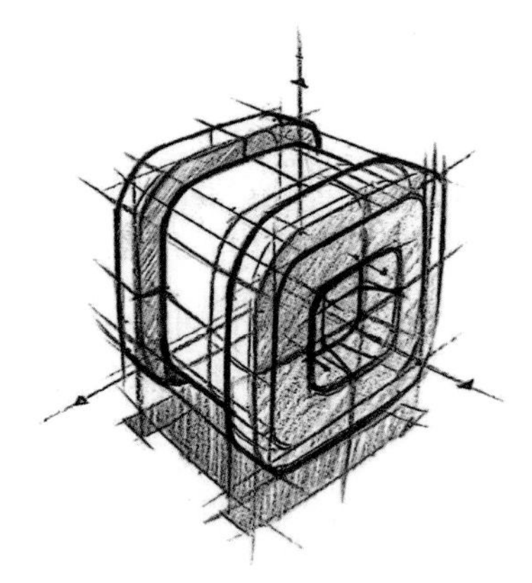

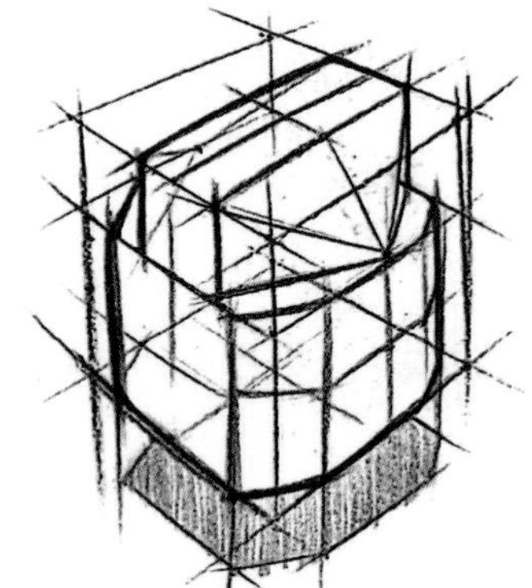

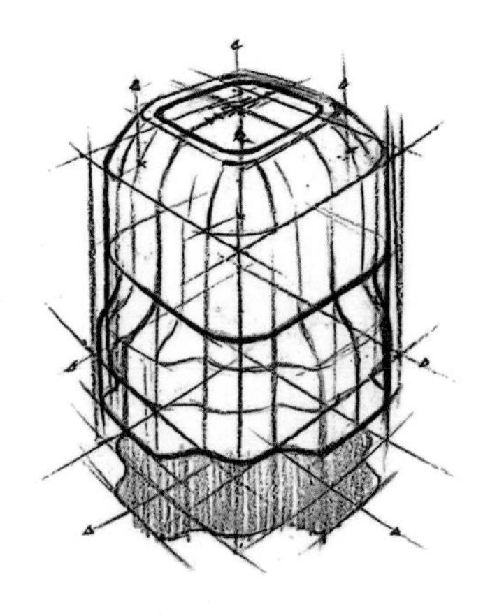

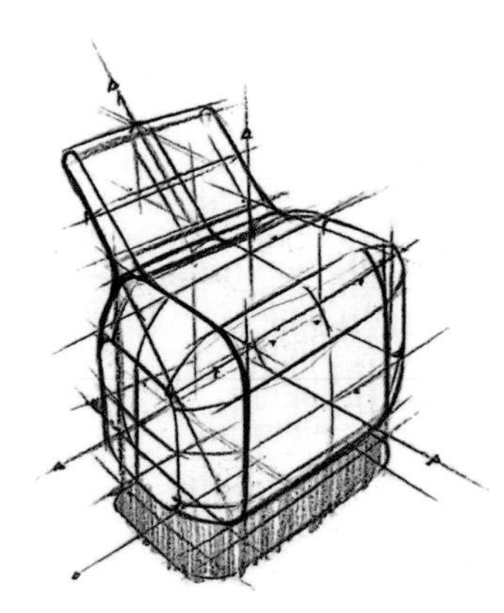

5.2 布尔差集

- A \ B：在 A 物体中减去与 B 物体重合的部分。

- B \ A：在 B 物体中减去与 A 物体重合的部分。

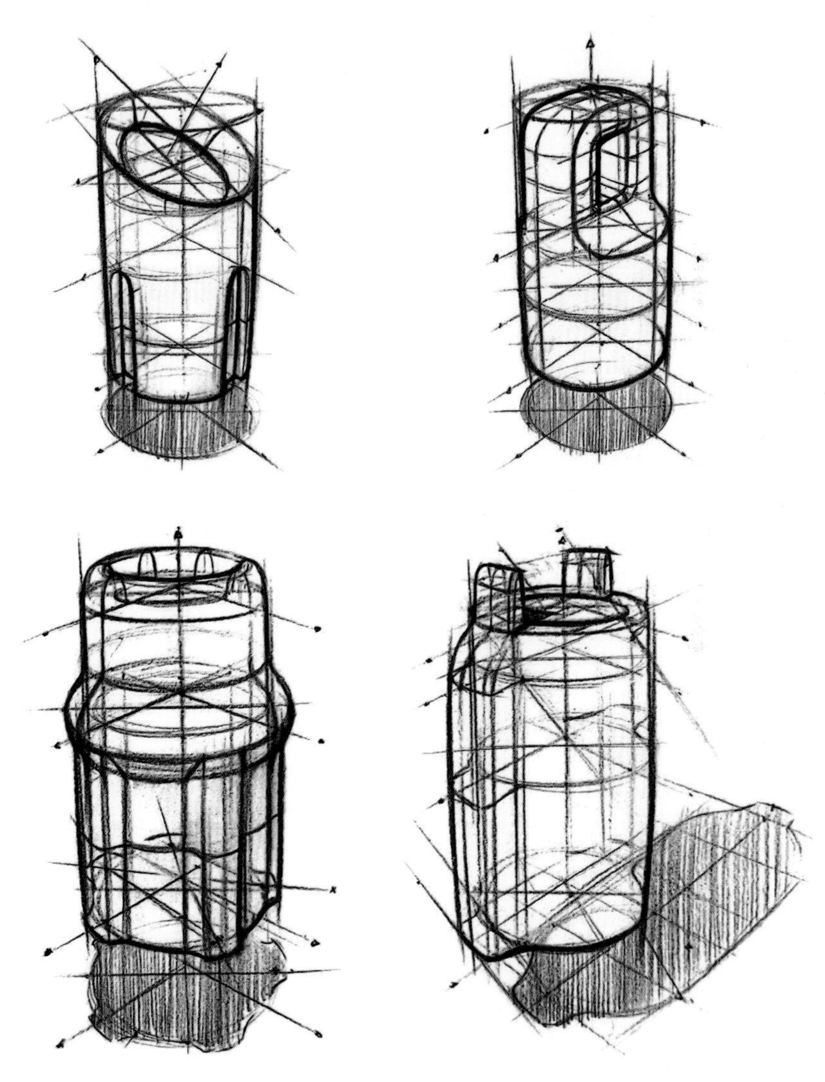

第六章

三视图

6.1 如何理解三视图

三视图，顾名思义是观者从（正面、侧面和顶面）三个不同角度观察同一个物体所看到的图形。在画三视图之前，首先应该观察物体，确定比例和尺度，然后逐个画出物体的各向视图，最后对物体中的垂直面、一般位置面、邻接表面，以及处于共面、相切或相交位置的面、线，进行投影分析。

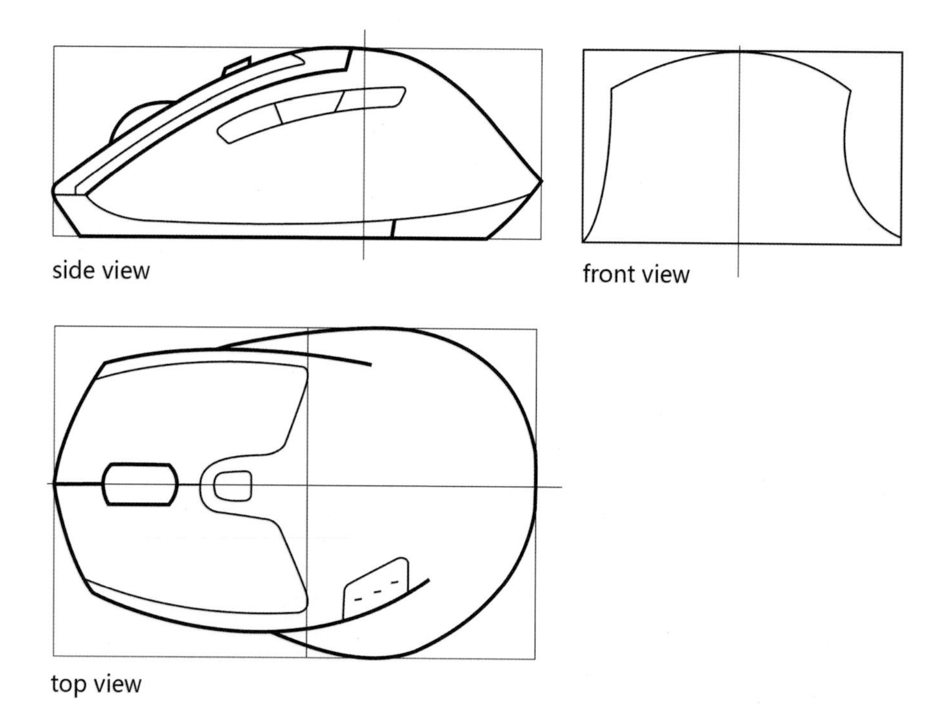

三视图常包括：

主视图：从物体的前面向后面所看到的视图，也称正视图，能反映物体前面的形状。

侧视图：通常是从物体的左面向右面投影（观看）所得的视图，即左视图，能反映物体的侧面形状。

顶视图：从物体的上面向下面投影（观看）所得的视图，也称俯视图，能反映物体的顶面形状。

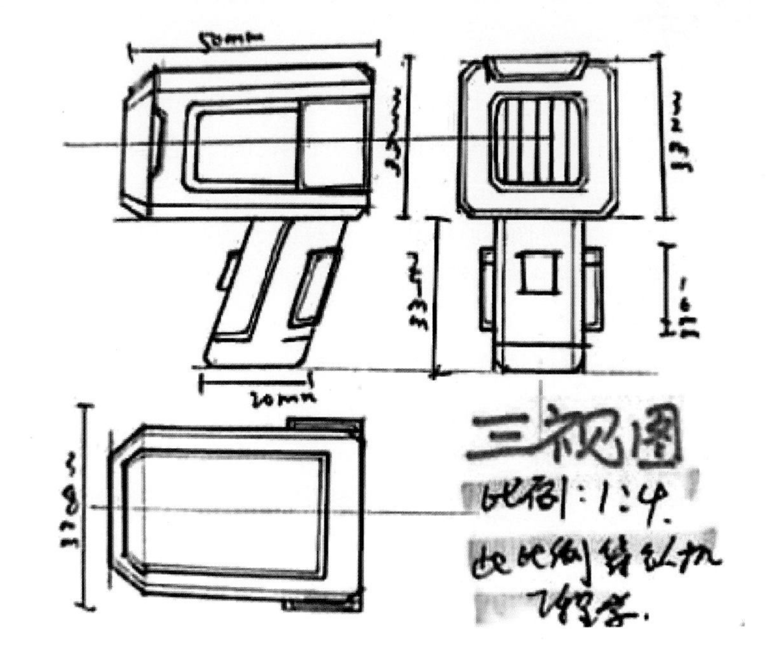

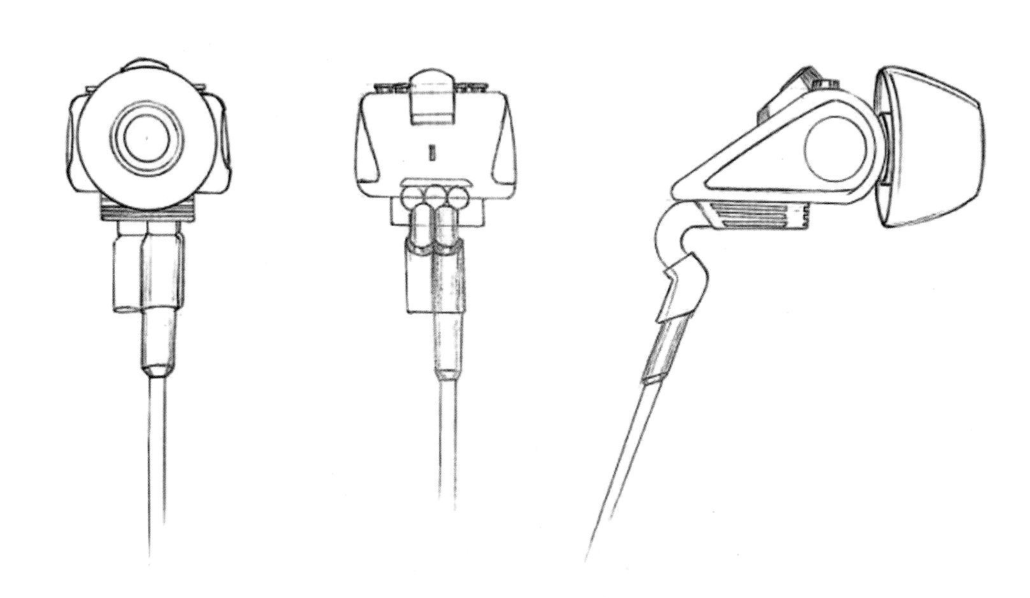

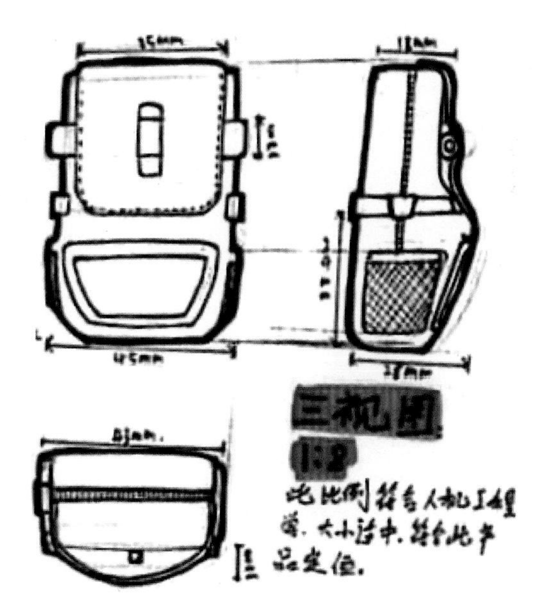

6.2 布图与尺寸对应关系

正确的三视图表达：工业设计中的三视图区域确定以后，正视图（主视图）在三视图区域的左上方；侧视图（包括左视图和右视图）如为左视图，在正视图的右边；顶视图（俯视图）在正视图的下边。正视图与顶视图长必须对正；正视图与侧视图高度必须平齐；侧视图与顶视图宽度必须相等。

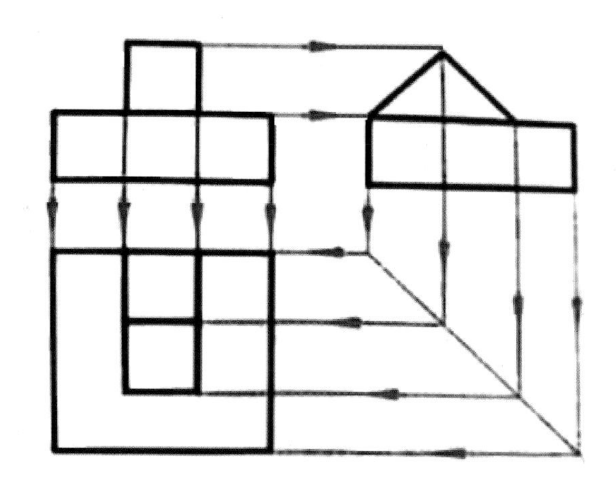

手绘产品三视图时，要记住两个重点：

1. 三视图的位置：首先画出确定好的三视图中的正视图，然后根据产品设计主要集中在哪个面决定画产品的哪个侧面视图（如要画左视图，则在正视图右边画；如要画右视图，则在正视图左边画），最后画顶视图，在正视图下方画，也可以画底视图，在正视图上方画。

2. 三视图的尺寸对应关系：长对正，高平齐，宽相等。

三视图绘制完成后还要标注尺寸，通常标准单位为毫米(mm)。需注意的是，产品各个视图应相互对应，不仅是产品主要配件造型，产品上面的局部小细节造型在不同视图上也是要一一对应的。可借助辅助线强调局部对应关系，并且各标注符号都需要规范准确。

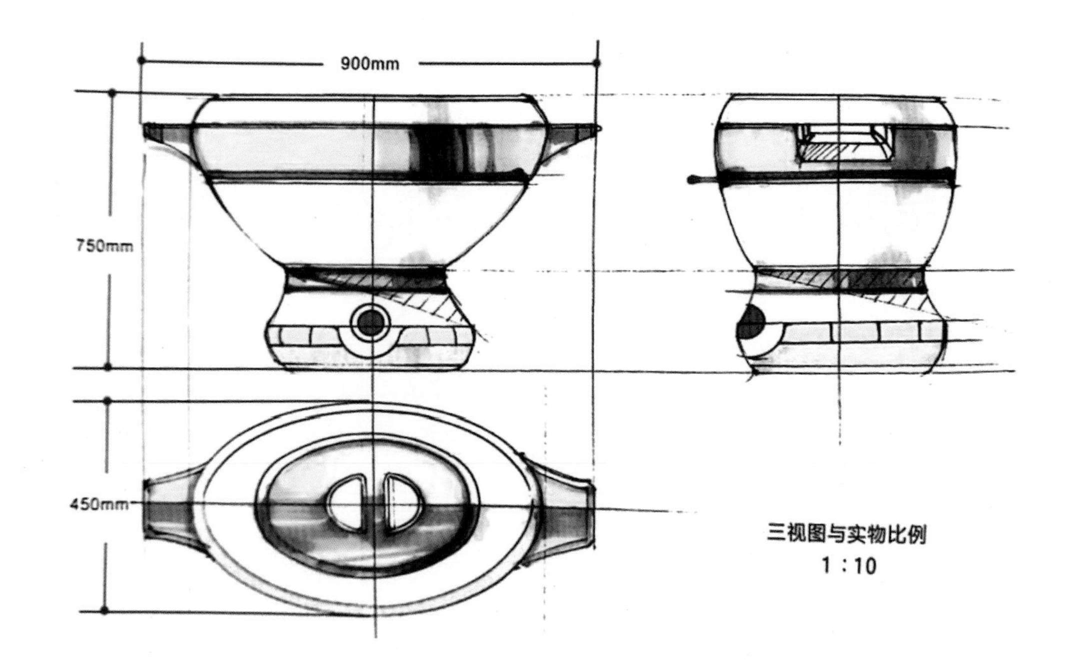

三视图与实物比例
1：10

第七章

光源与明暗

在现实生活中，人们对物体的认识大多是通过光来实现的。光线使物体产生不同的颜色深浅与明暗，体现了物体的立体感。

在产品设计中，明暗是阴影的层次表达，与产品在光线下的明暗层次、空间感和体积感有关。光源的类型、高度、与产品间的距离以及照射角度都会影响到产品产生影子的区域范围和边界轮廓。

明暗关系主要用于表现物体的体积感，是指在光源的影响下物体的每一个面的明暗表现，可使物体融入环境。投影指的则是物体投射在平面上的影子。

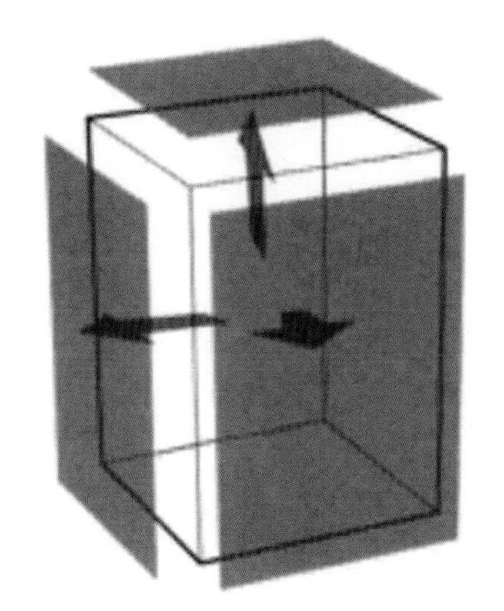

7.1 不同光源类型

光源主要有一点光源和平行光源两种，两种光源照射条件下物体阴影是不一样的。

一点光源一般指单点光源，类似手电筒、台灯等，这种光源照射产生的影子也有类似透视的表现规律，相比平行光源来说，表达物体的轮廓不够直观。

平行光源指大面积的光源或类似太阳的环境光源，一般在这种光源照射的情况下，产生的投影更接近现实物体的轮廓。

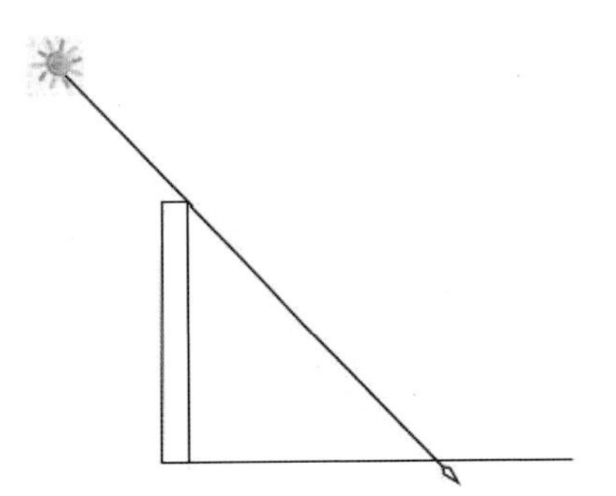

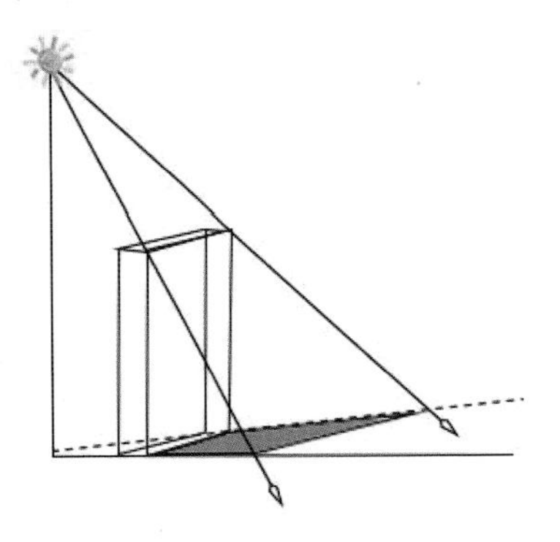

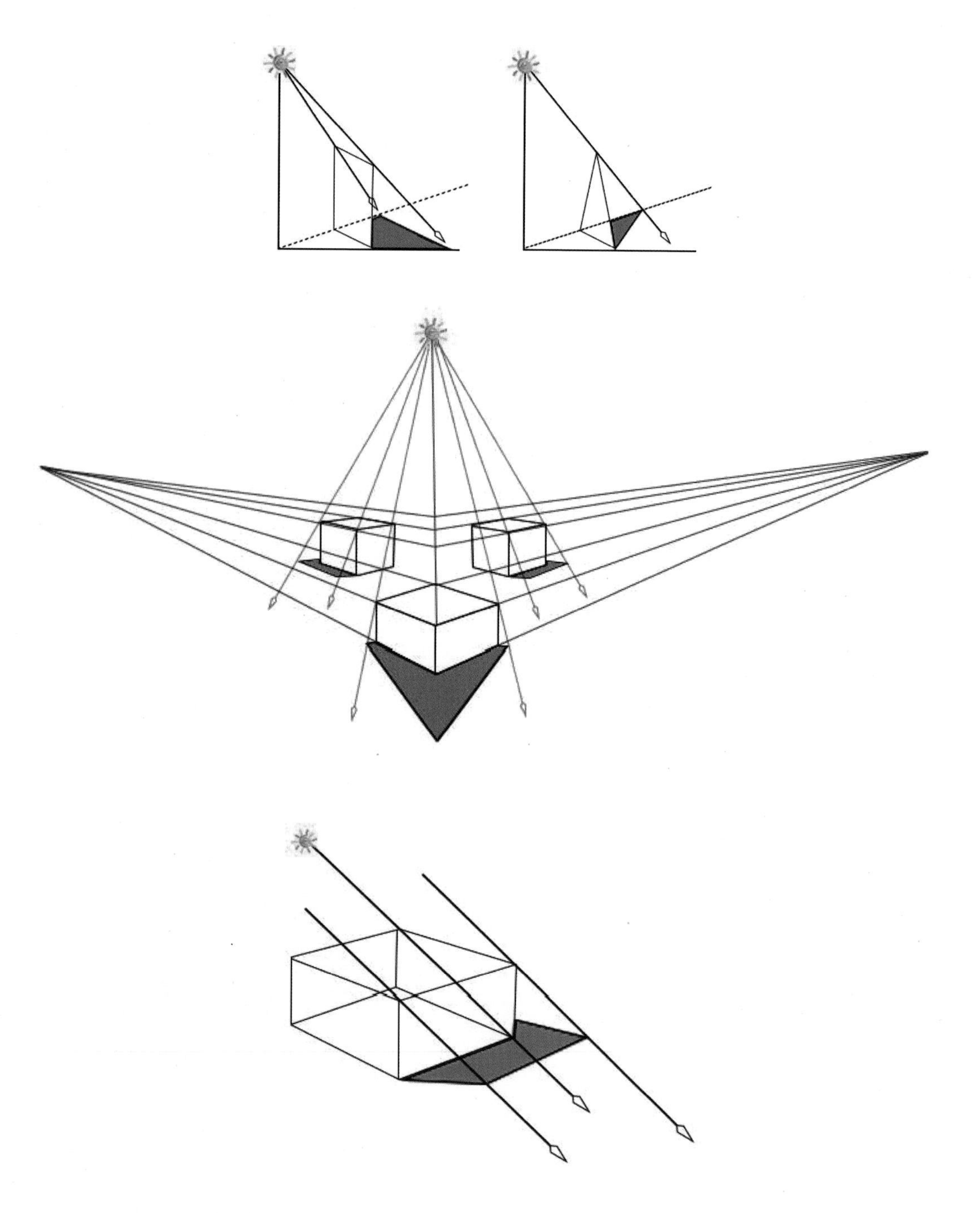

7.2 光源的表现

在产品设计手绘表现过程中，通常会选择平行光源，即假设光源从产品的左上角 45° 或右上角 45° 处投射在产品上，使其具有一定的明暗关系。

在绘画过程中，一般会将物体的明暗关系进行简化，首先需要考虑物体大的光影关系，确定基本的光影与明暗，然后绘制细节，细节中的光影是对整体的补充与说明。

在表现物体光影效果时，不必苛求体现所有的明暗变化，只要能够将物体的空间感和质感较真实地表现出来就可以了。

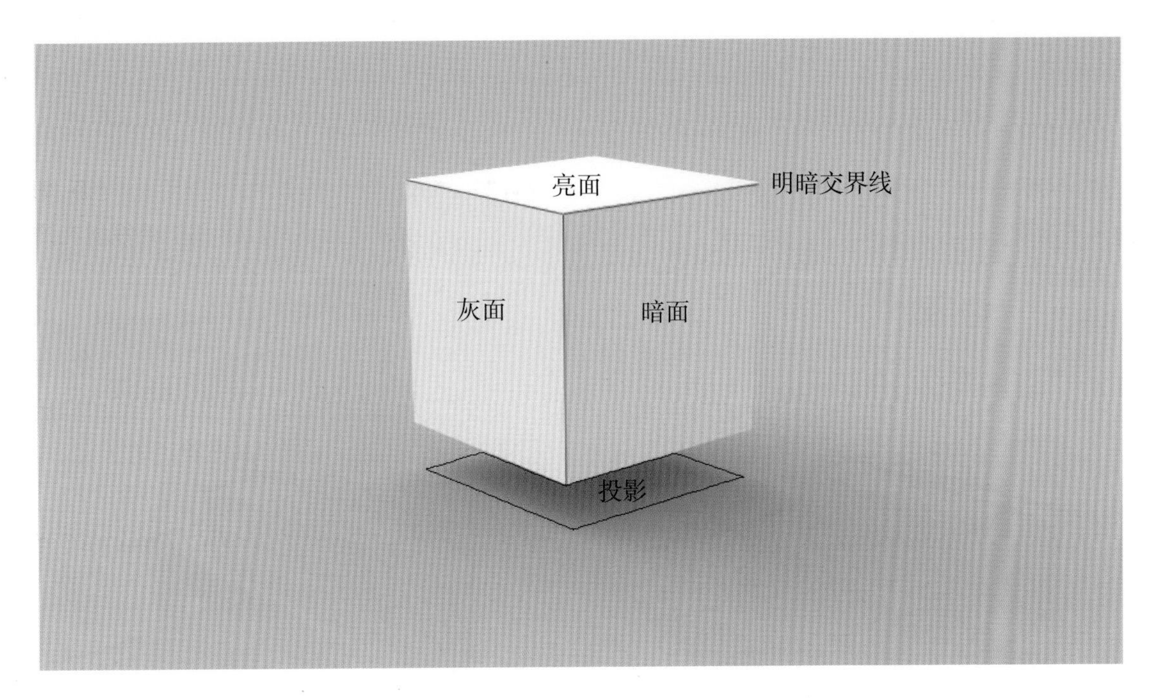
亮面
明暗交界线
灰面
暗面
投影

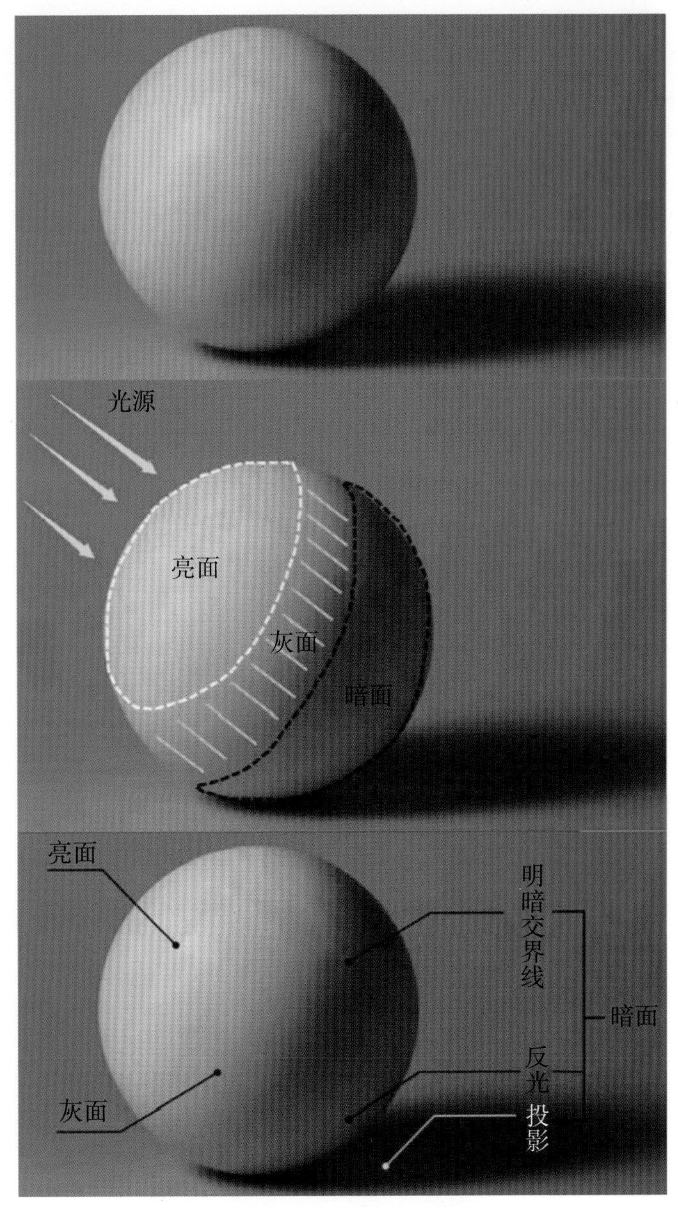
光源
亮面
灰面
暗面
亮面
明暗交界线
暗面
反光
投影
灰面

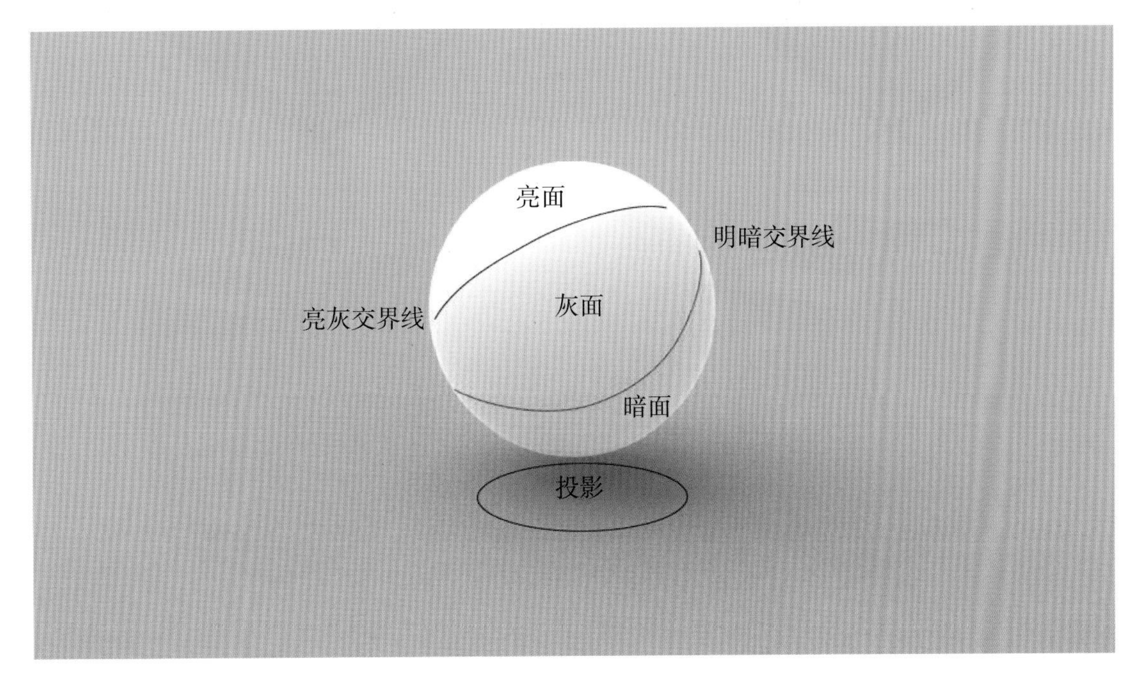
亮面
明暗交界线
亮灰交界线
灰面
暗面
投影

7.3 光的反射

一般来说,光照射到物体表面上都会发生反射,根据反射面的平滑程度不同可以将反射分为两种类型:镜面反射与漫反射。正是因为有漫反射,我们才能从不同方向看到不发光的物体。无论是镜面反射还是漫反射,都是在工业产品设计绘制中产品材质及光影表达非常重要的一个因素。

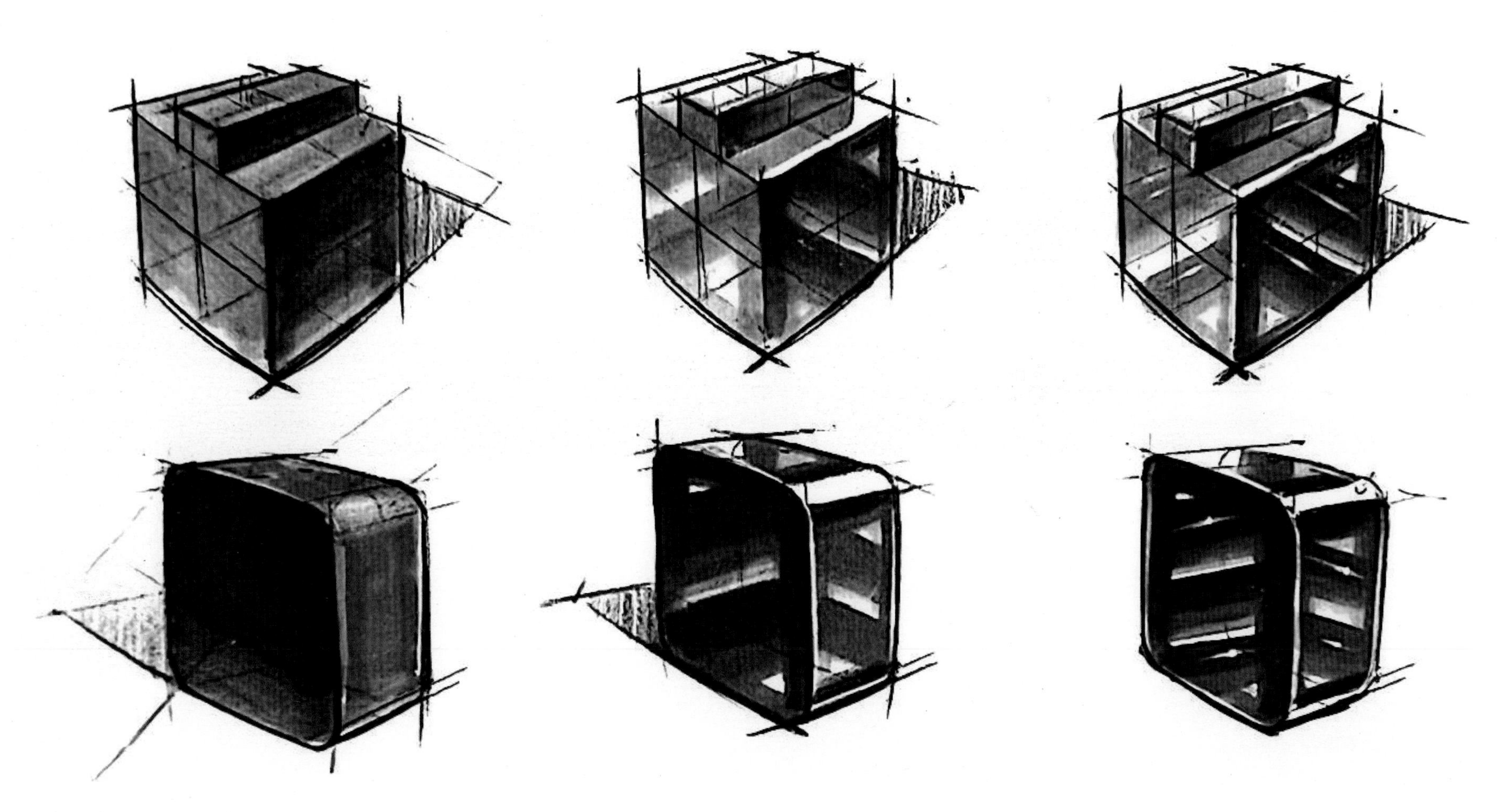

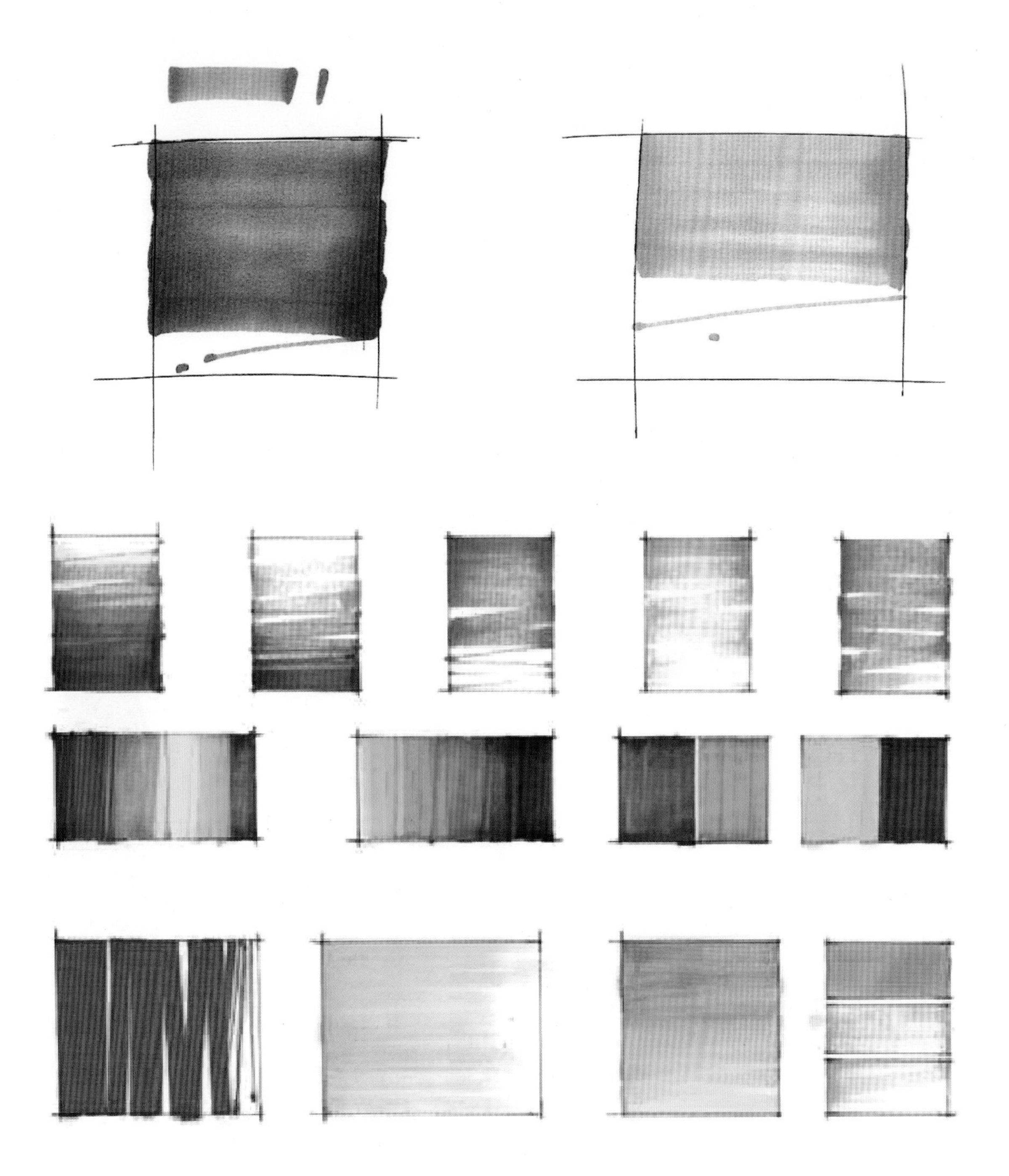

第八章
色彩表现

8.1 不同工具的表现

A. 马克笔

特点：具有易挥发性，适用于一次性的快速绘图。

优势：笔触常简练、硬朗、犀利，色彩均匀。

马克笔的常见笔法是勾勒和重叠，重叠的时候应该注意不要重叠太多，否则会使画面脏乱。

马克笔的笔头分为圆头和扁头两种。

要学习马克笔填色及色彩叠加，先要掌握马克笔水平绘制与倾斜绘制的要点与技巧。只有完全掌握了这些绘制技巧，才能更好地进行填色。填色时要注意匀速表现。

在马克笔颜色的不同叠加练习中，无论采用哪种方式进行色彩的叠加，都要注意笔触的确定性及流畅性，绘制的时候尽量留下绘画过程的笔触。

多练习弧面的绘制方式，可以加深对用马克笔进行弧面填色的理解。

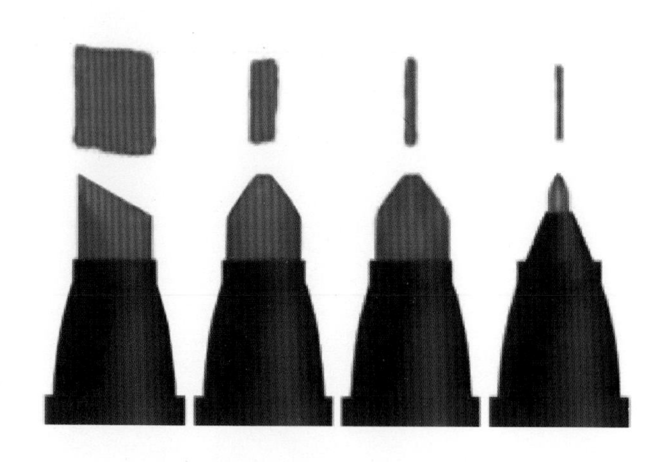

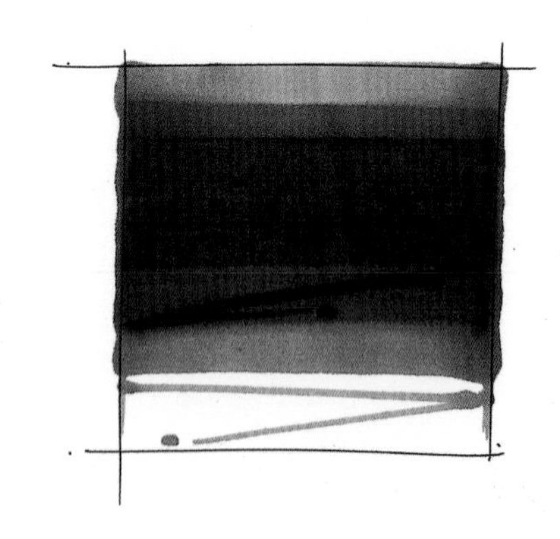

基础工业产品马克笔绘制（正方体）

基础工业产品马克笔绘制（曲面）

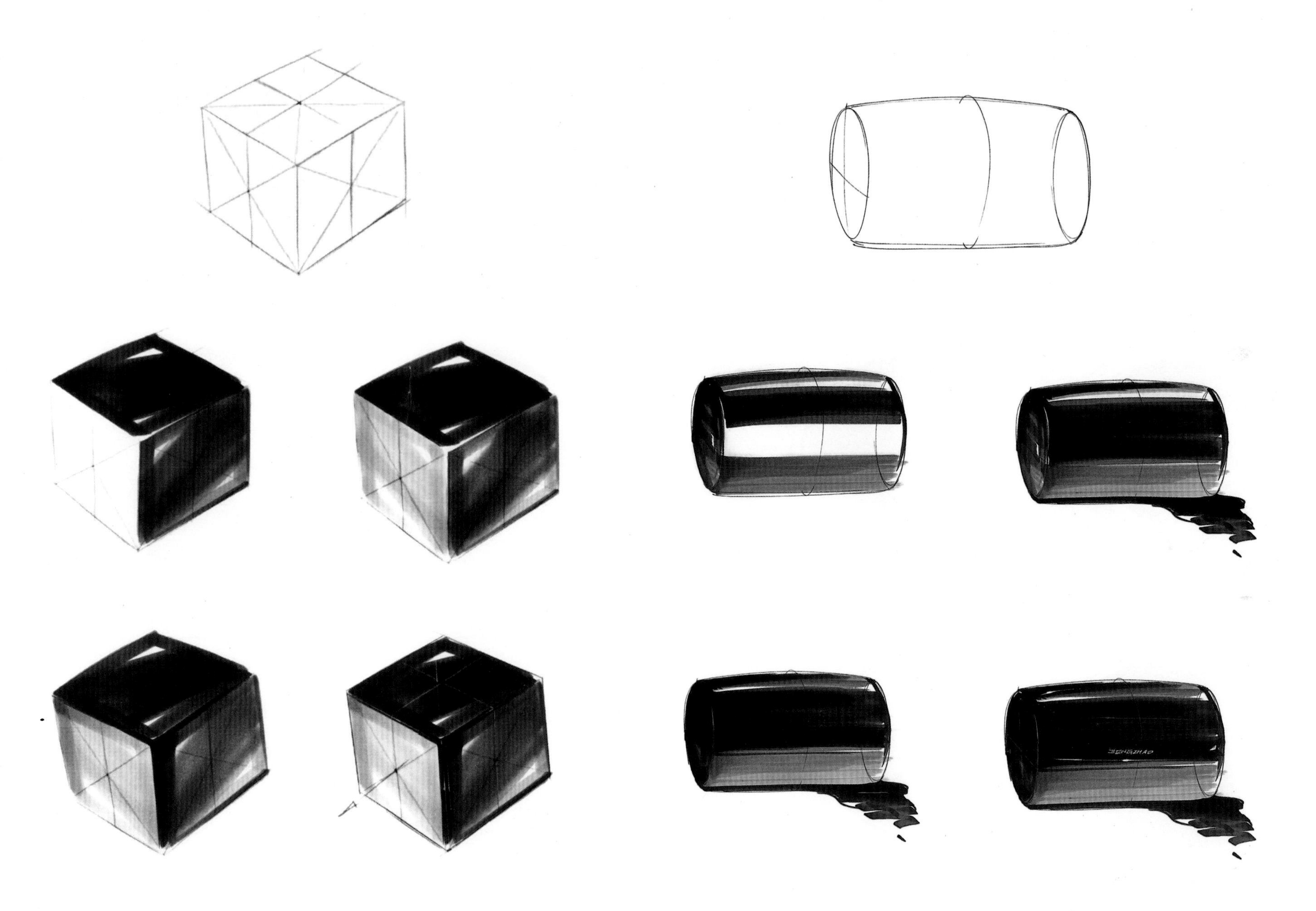

基础工业产品马克笔绘制(球体)

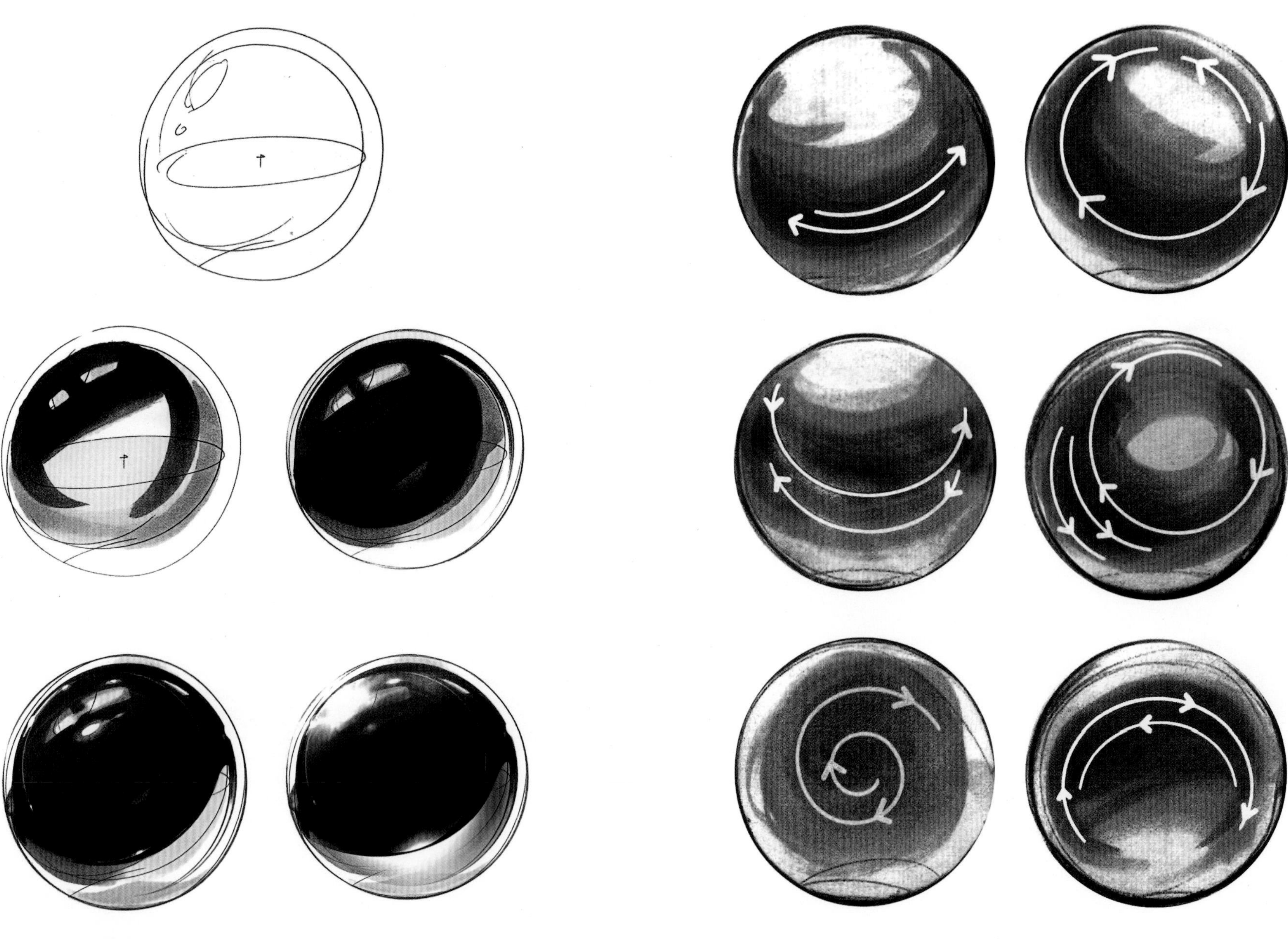

基础工业产品马克笔绘制(液晶屏幕)

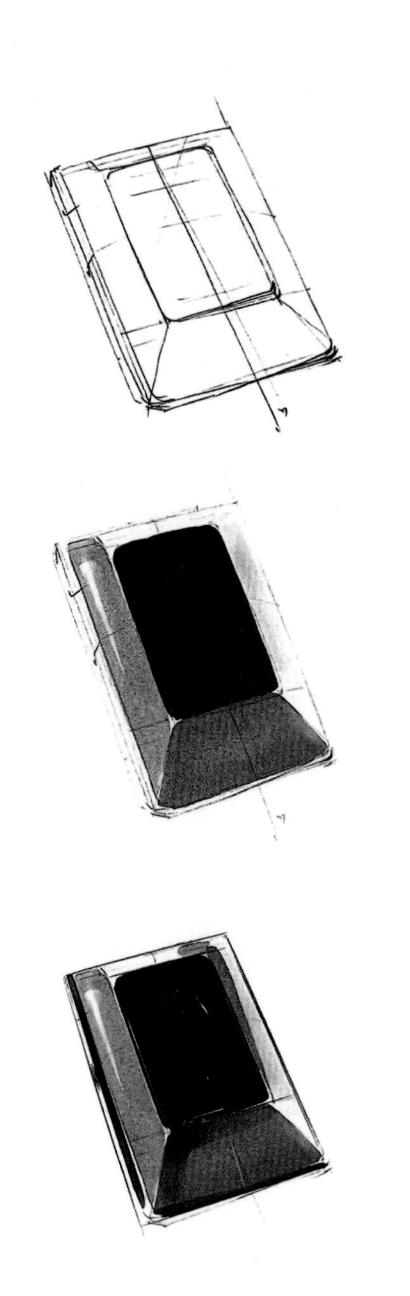

基础工业产品马克笔绘制(圆锥)

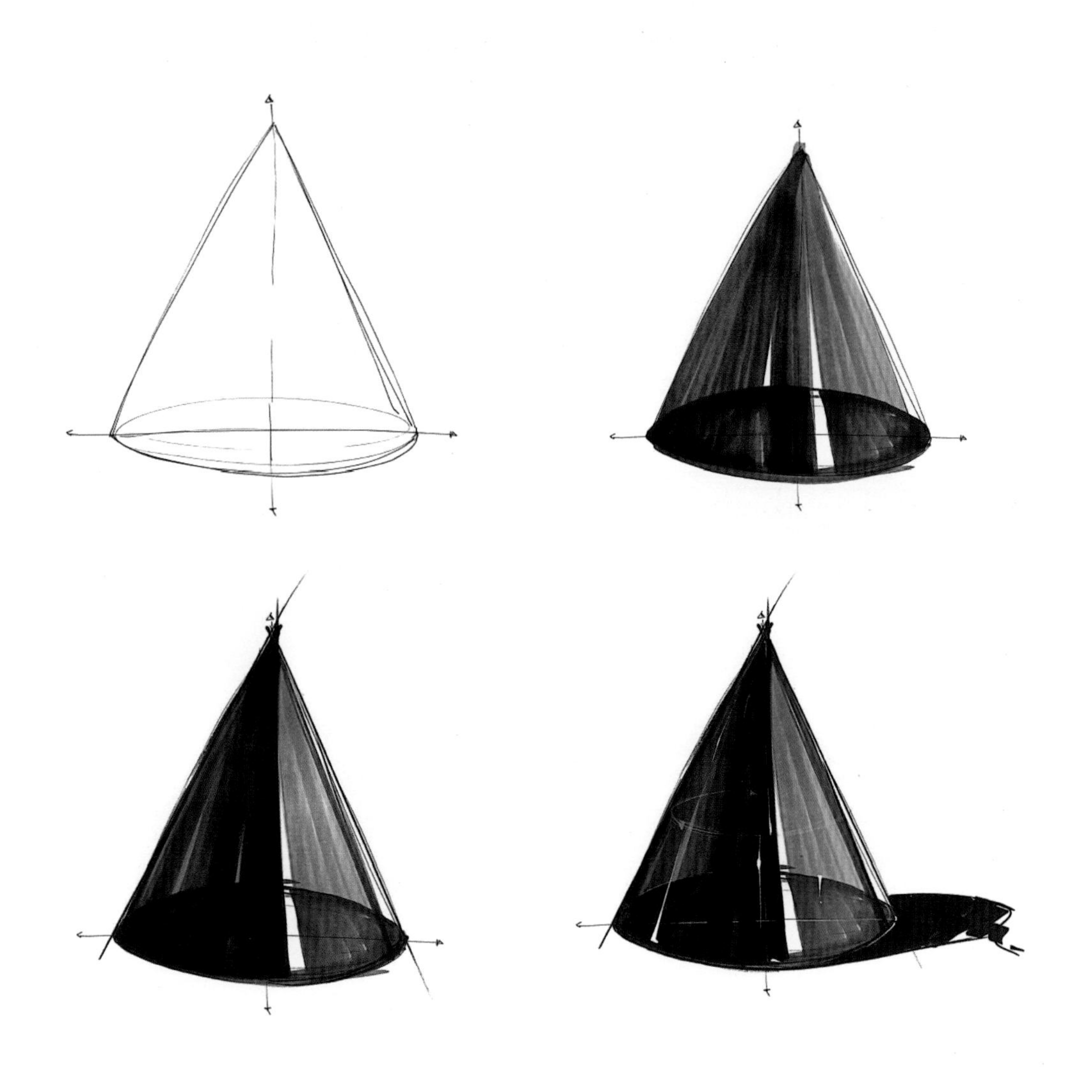

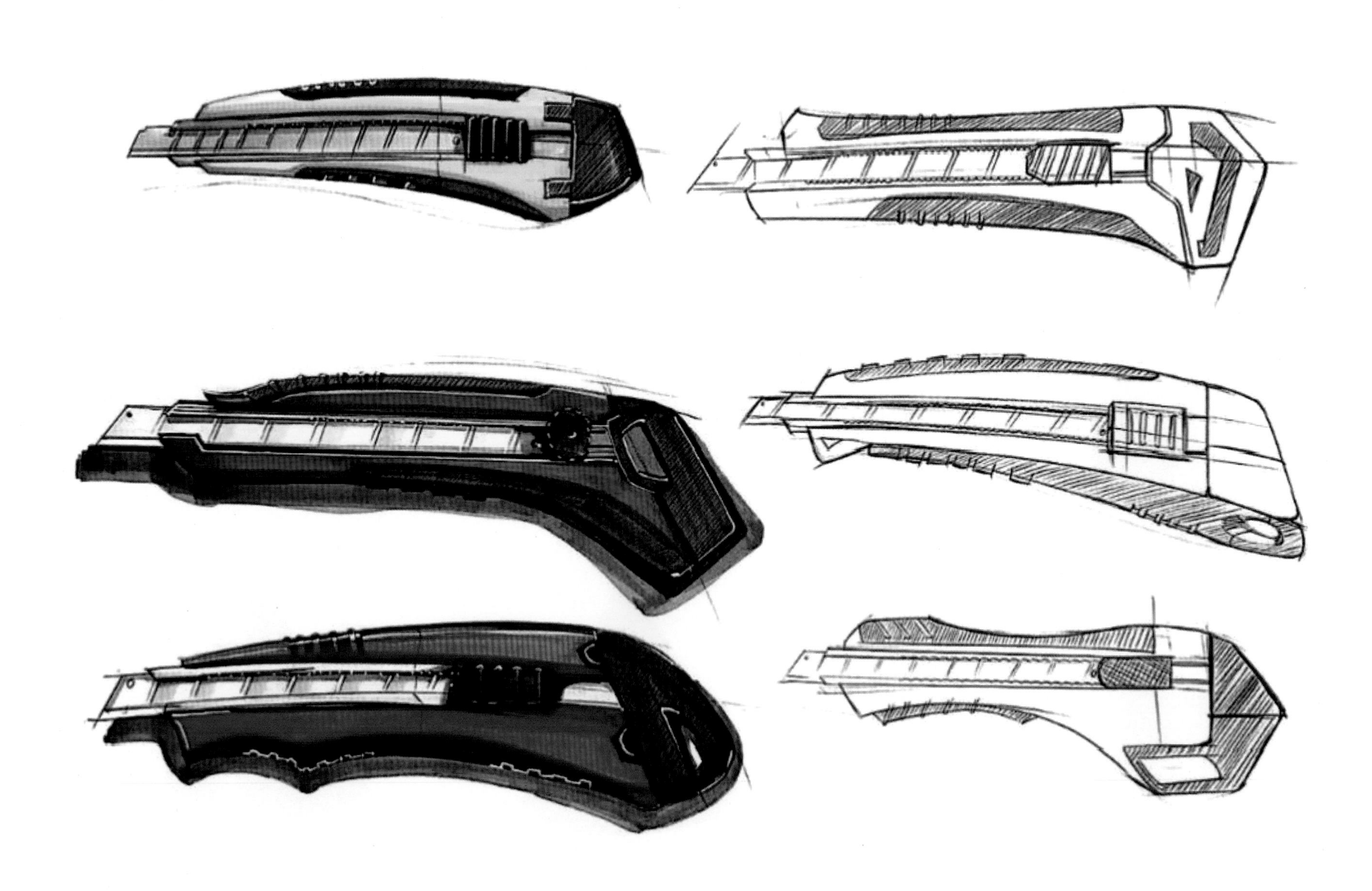

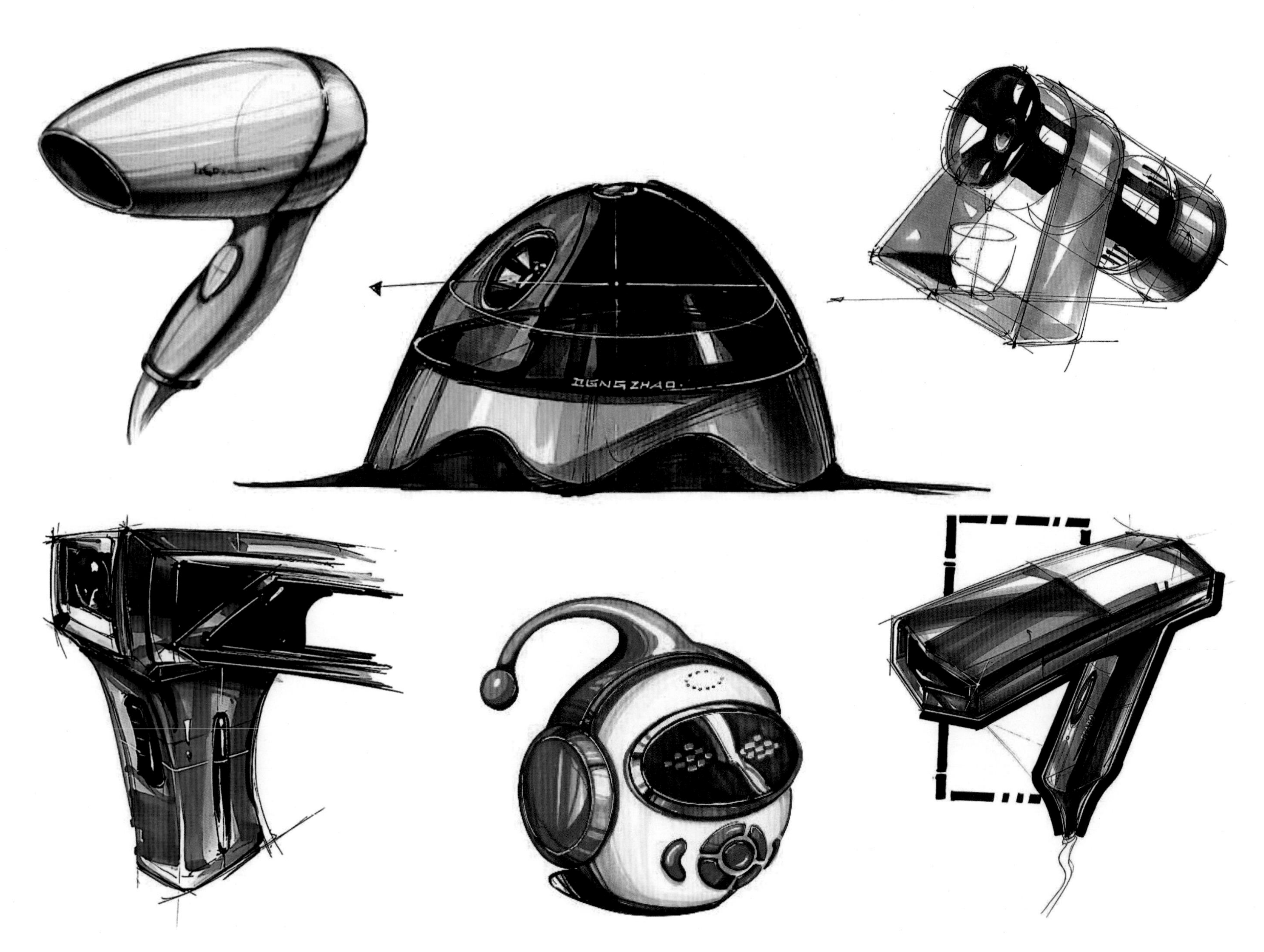

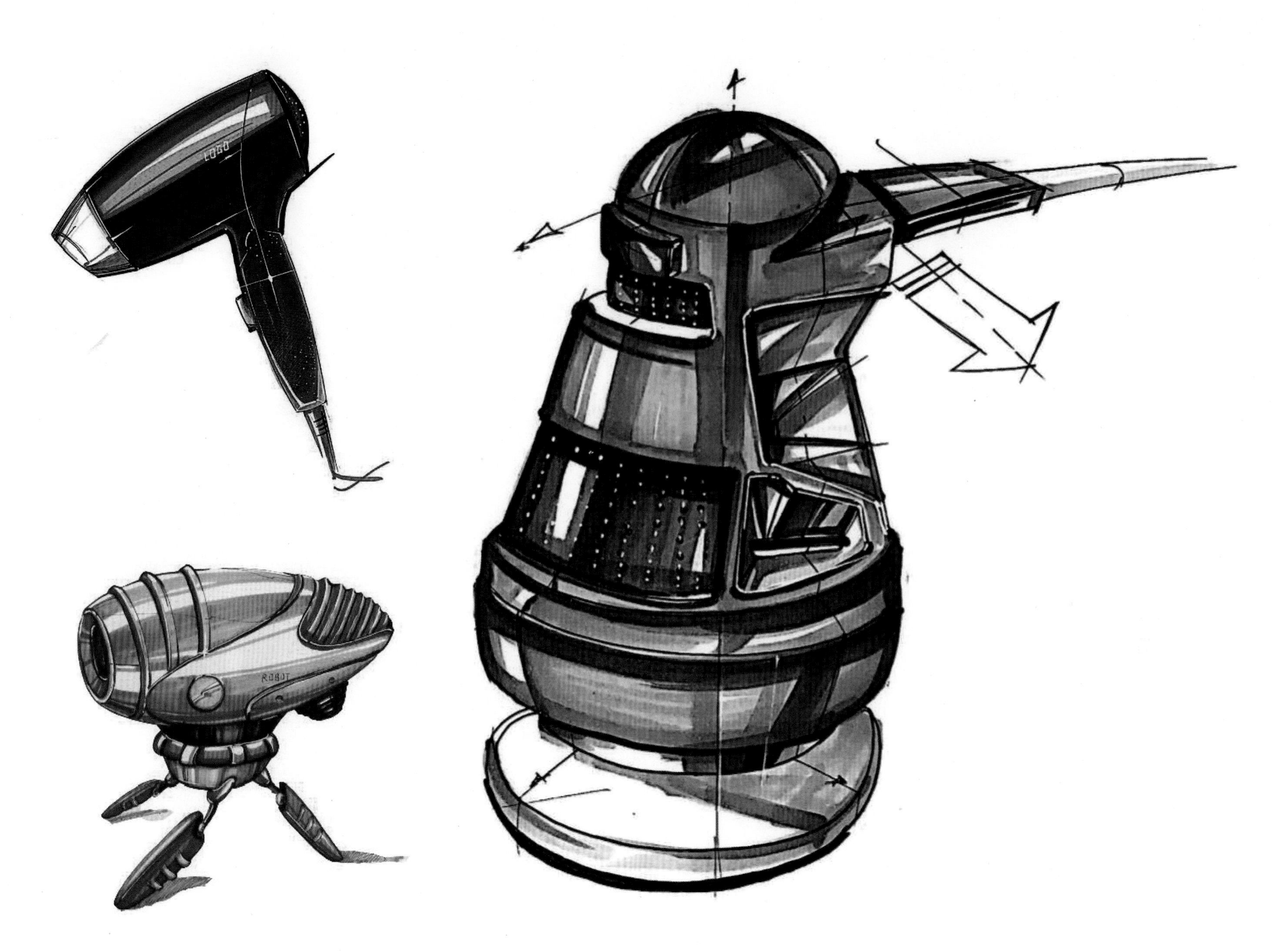
LOGO
ROBOT

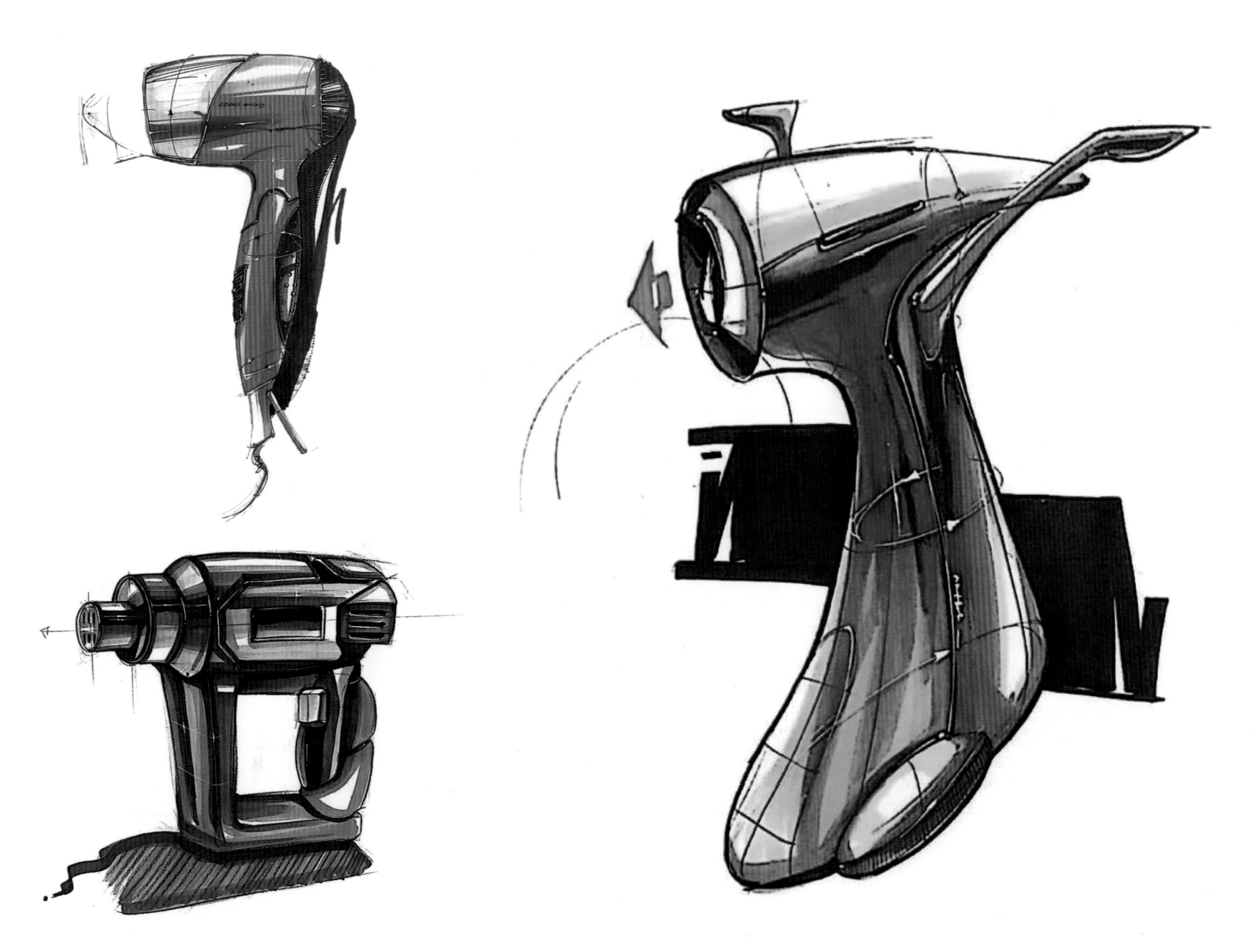

IKE

剃须刀绘制

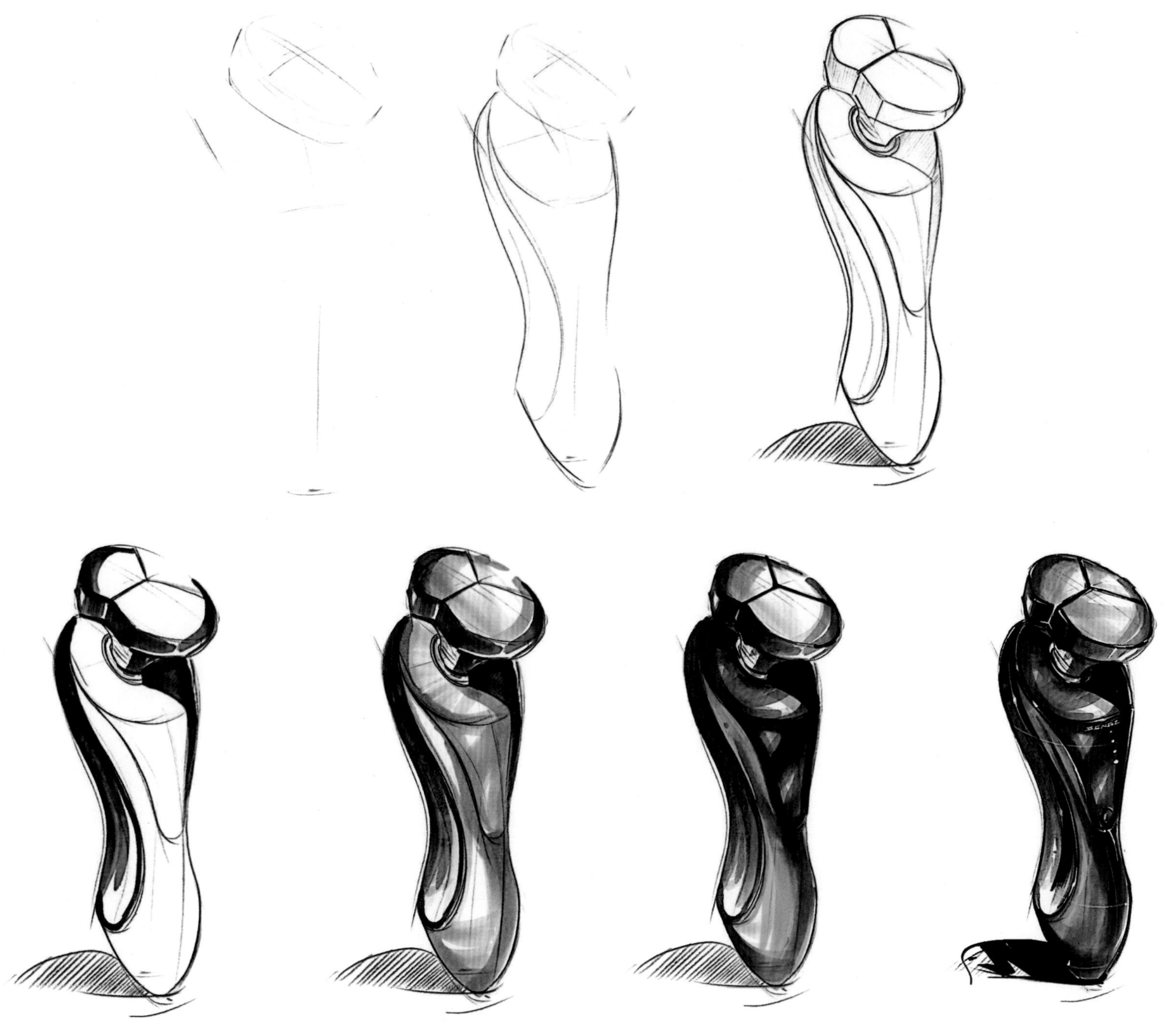

翻盖手机绘制

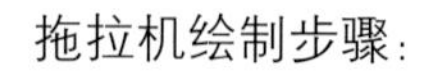
拖拉机绘制步骤:

1. 绘制拖拉机的大体轮廓。

2. 绘制拖拉机的基本形体结构。

3. 绘制拖拉机的形体转折及小部件,以及确定侧视图大致位置。

4. 绘制侧视图基本轮廓。

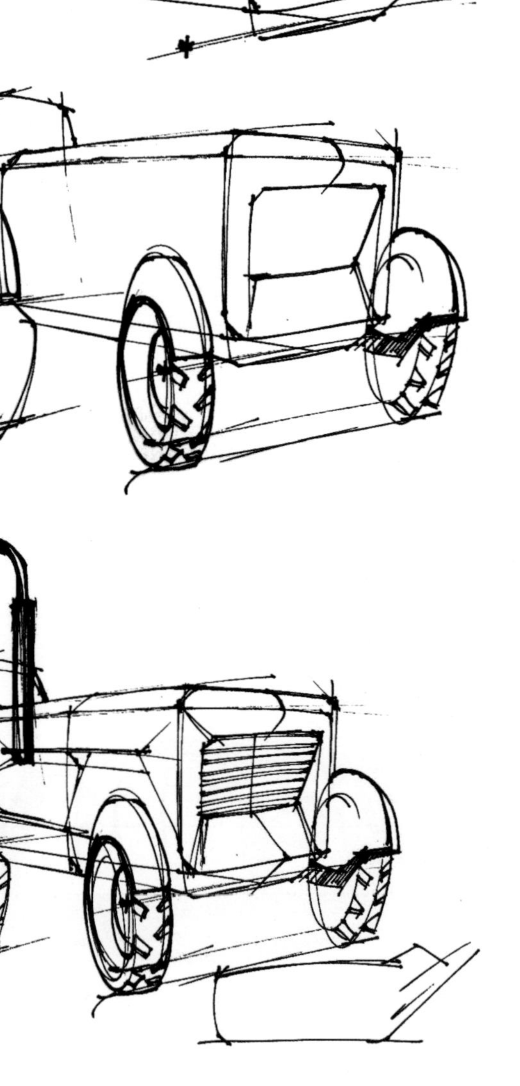

5. 绘制轮胎等细节，加深轮廓线、结构线等。

6. 利用光影分析，使用马克笔初步上色。

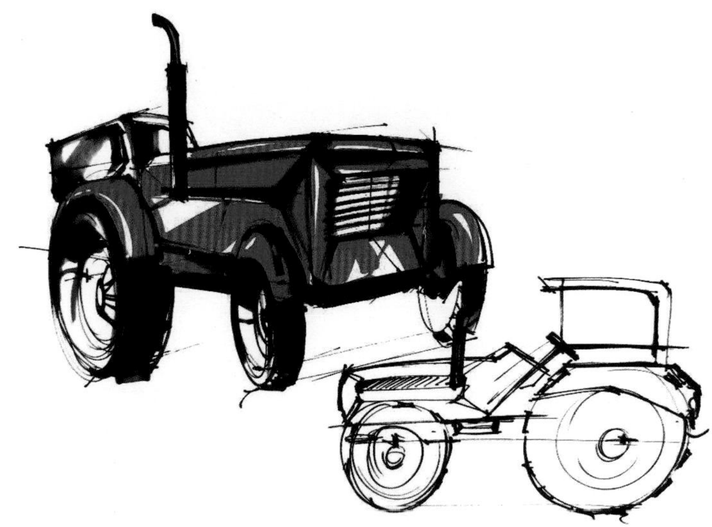

7. 完成细节上色，并对主体视图进行第一轮加深。

8. 对主体进行第二轮加深，增强形体对比；使用灰色马克笔完成侧面形体转折的表达。

B. 色粉笔

工业设计师的色粉笔绘制有别于马克笔、水粉笔、彩铅等。

特点：颜色细腻，可调，具有灵活性。

优势：适用于展现工业产品本身的肌理、色彩、材质；表达出的光影柔和细腻。

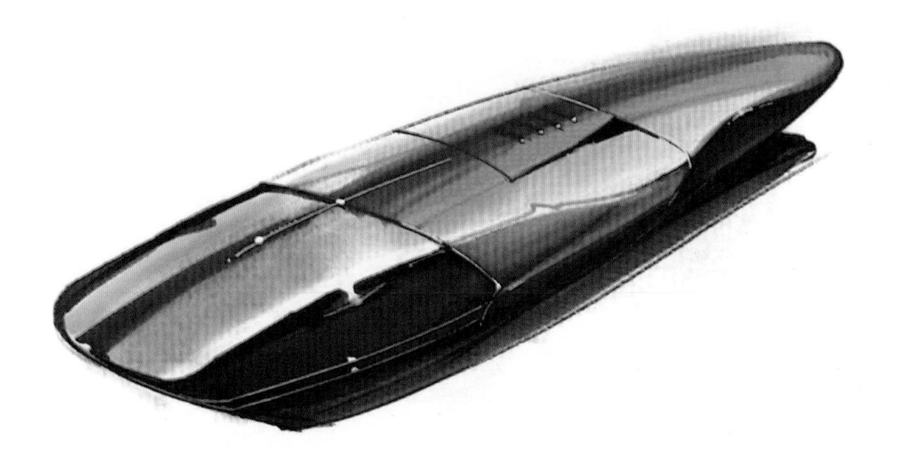

画法：刮下色粉，再使用布、纸擦笔或手指等调和色粉。

色粉笔在绘制过程中要注意以下 3 点。

第 1 点：色粉画必须用特制的油性定画液或透明玻璃（纸）来保护画面。

第 2 点：由于色粉颜料较为松软，勾轮廓稿时最好用炭笔（条），不宜用石墨笔勾绘。最好使用本身具有细小颗粒的纸张，以便颜料更好地附着。

第 3 点：色粉颜料是干且不透明的，较浅的颜色可以直接覆盖在较深的颜色上。

C. 综合表现案例

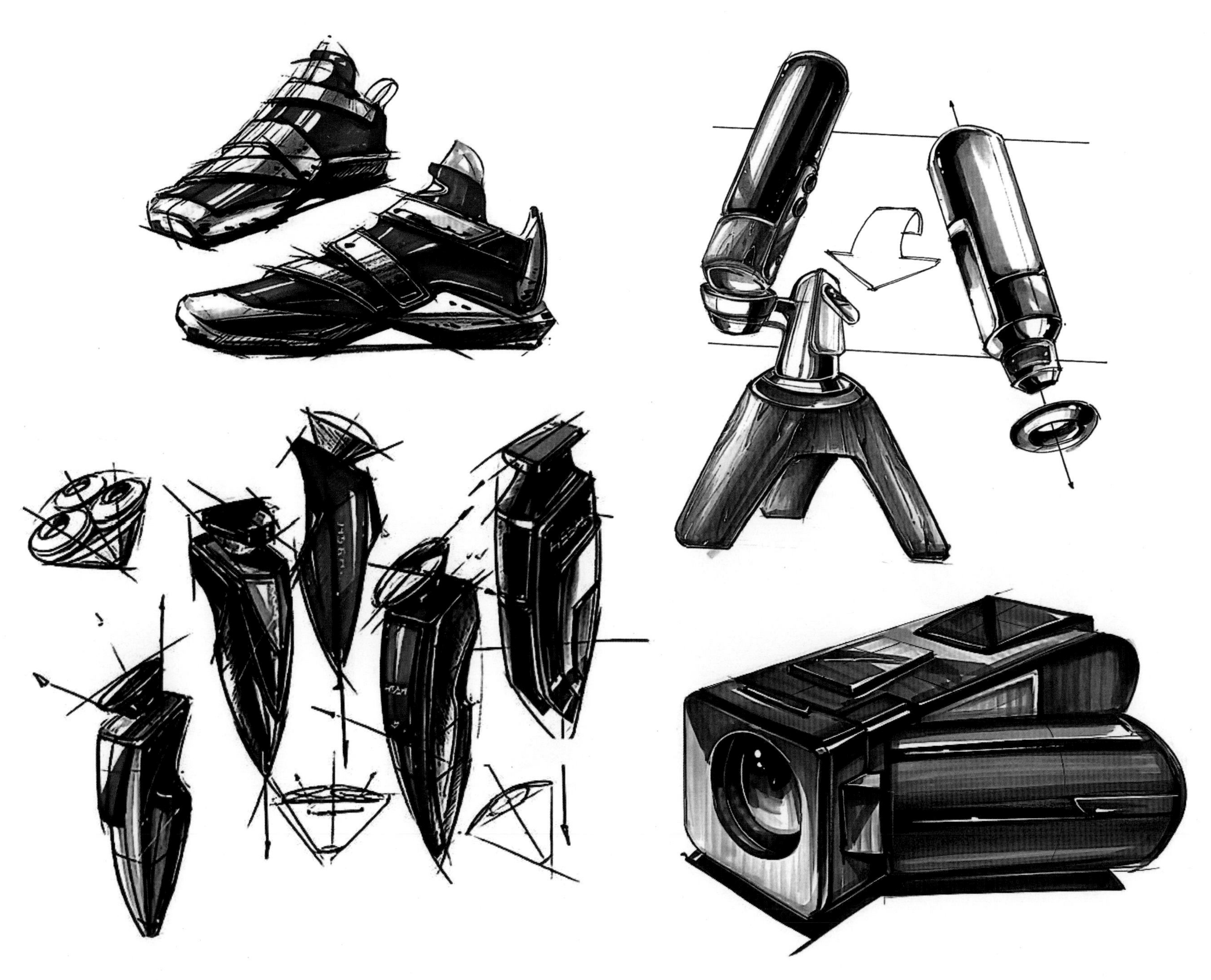

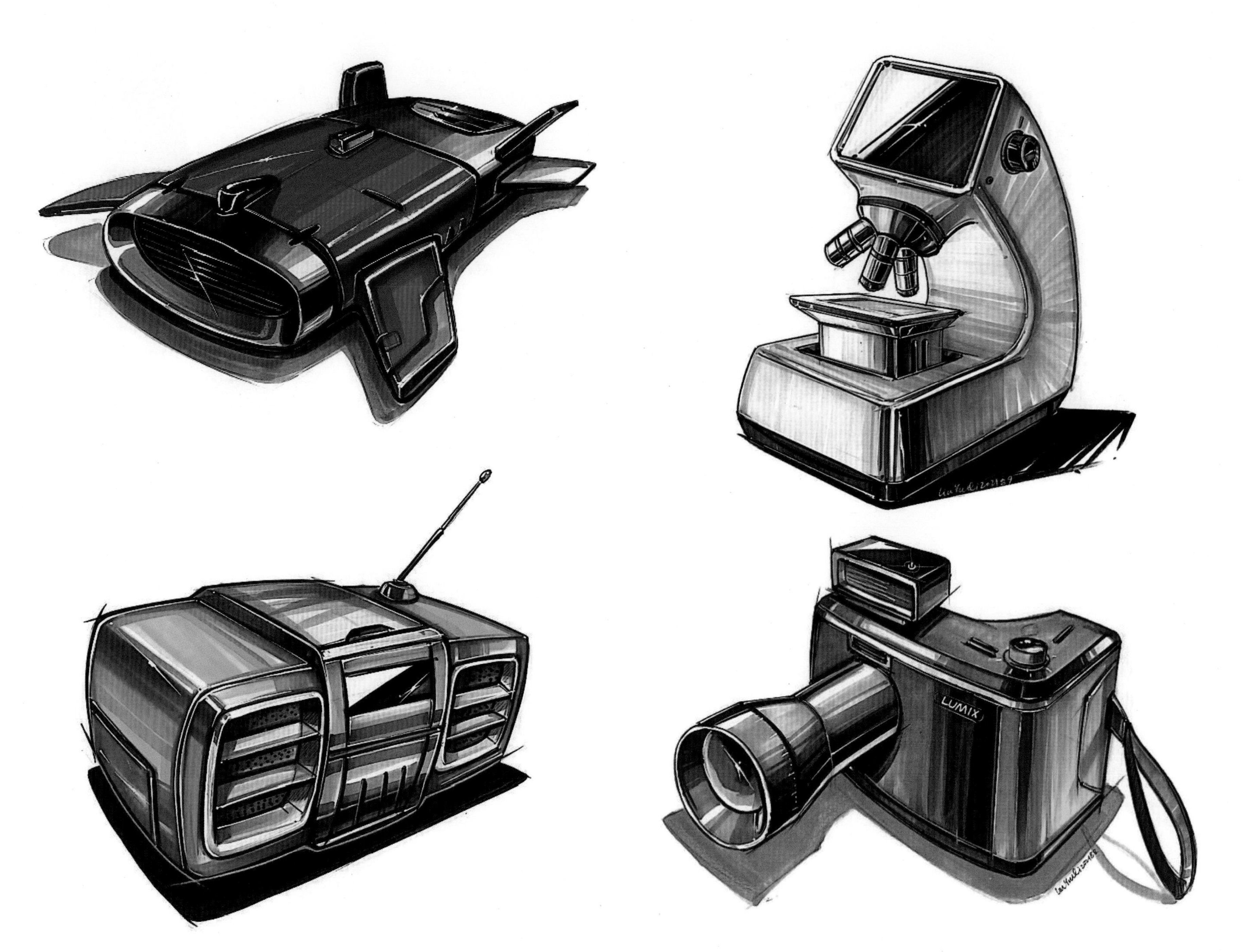
LUMIX

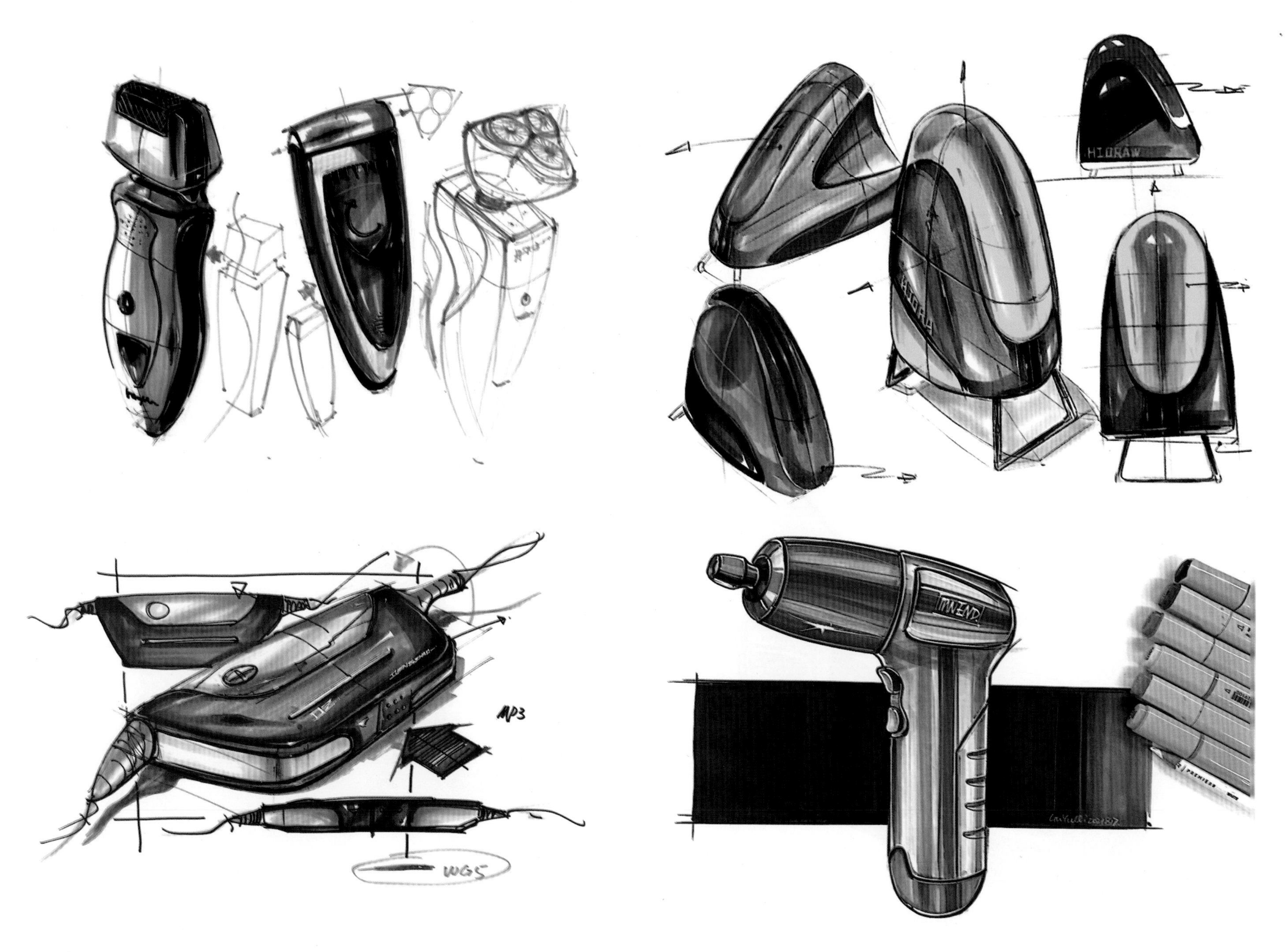
HIDRAW
MP3

MONOKIDS

8.2 不同材质的表现

材质可以理解成材料和质感的结合，材质表现简单来说就是让产品看起来是某种质地，包括表面的色彩、纹理、光滑度、透明度、反射现象、折射现象、发光度等。

A. 金属等镜面材质

金属是一种对可见光具有强烈反射、同时富有延展性等特性的物质。

以镜面反射为主的金属材质表达，主要应用于卫浴、餐具及汽车的一些装饰件等工业产品上。

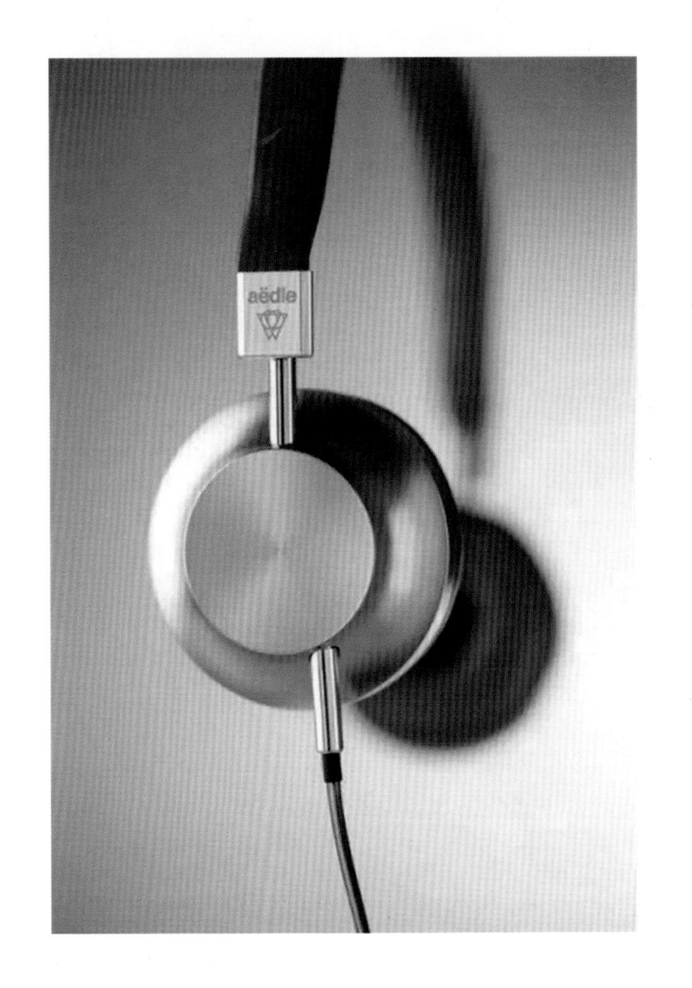

在实际的工业产品设计手绘效果表现中，金属材质上色后会呈现丰富的光影变化。

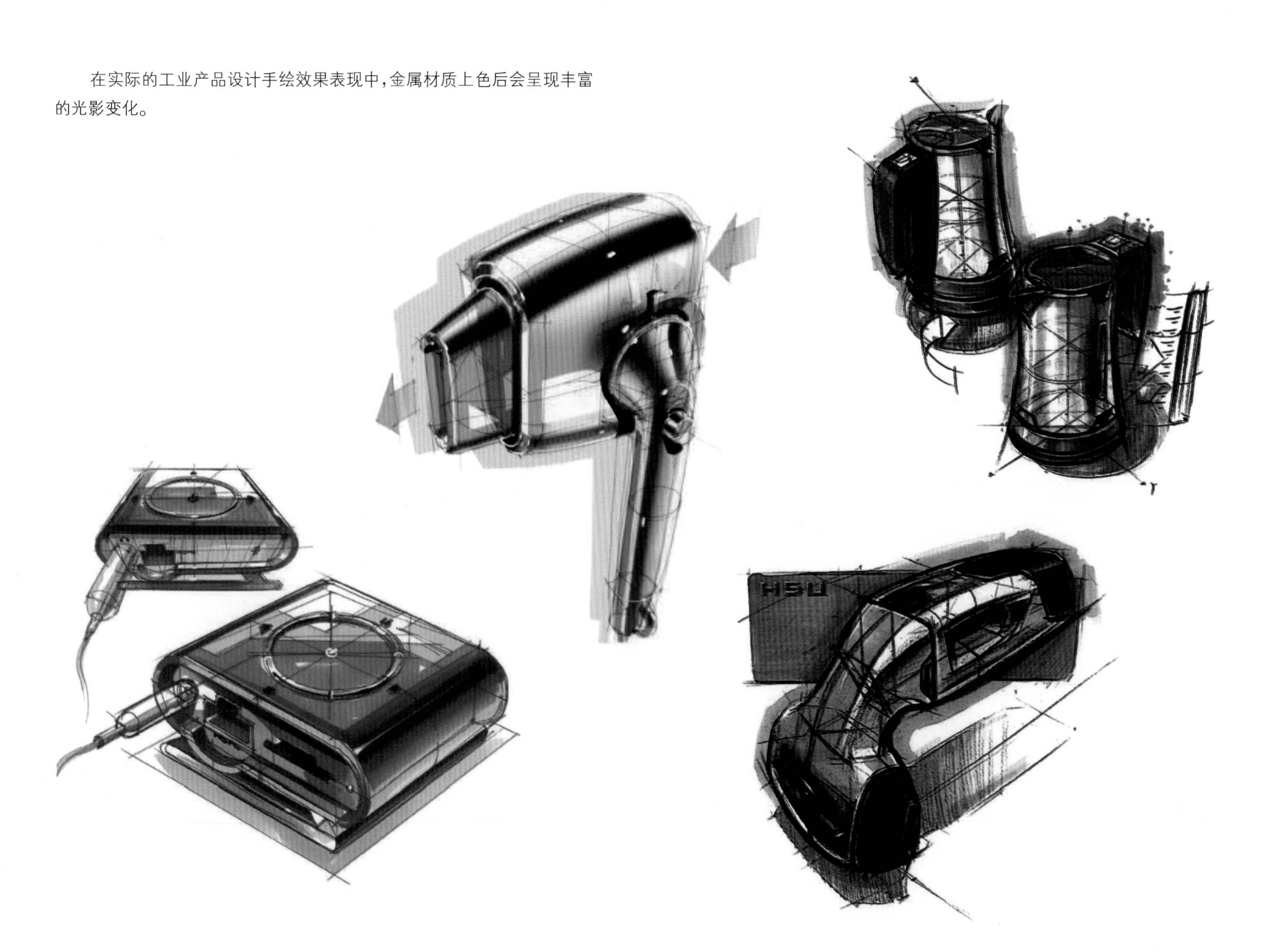

B. 一般亚光材质

手绘中的亚光材质上色后会呈现有光泽或半透明等不同性状，反射相较金属而言没有那么强烈，常表现的是相对均衡、缓和的色彩光影。

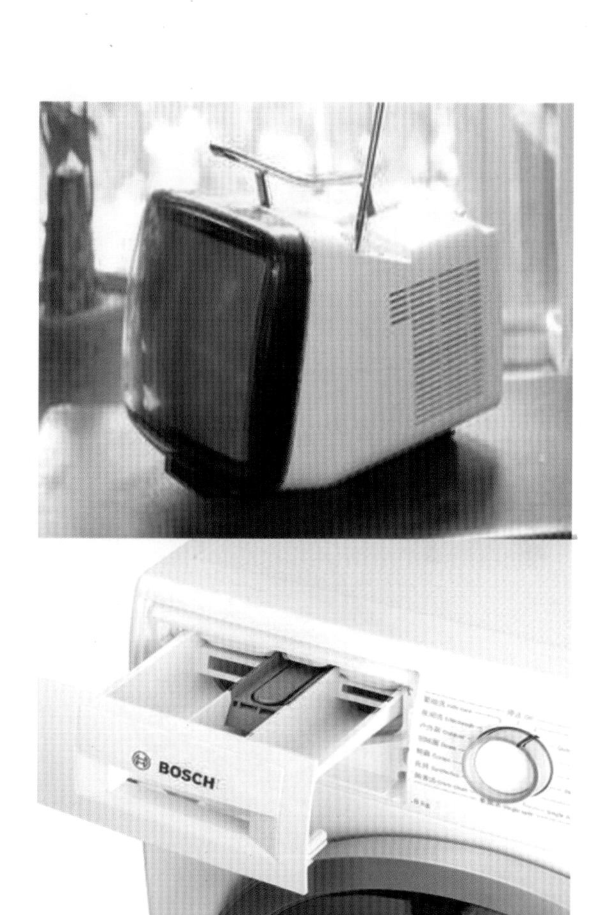

亚光材质产品表现时边缘多是圆润的倒角，不像镜面金属那样有硬朗的折边。

C. 透明材质

玻璃在常温下是一种透明的固体，在熔融时形成连续的网络结构，冷却过程中黏度逐渐增大并硬化。玻璃广泛用于建筑、日用品、医疗用品、电子仪表等领域。

玻璃在工业设计手绘呈现过程中要表现出镜面反射及透明的双重关系，在手绘的时候最好能搭配其他材质，可以通过对比更加深刻地表现玻璃的质感。在绘制的时候注意玻璃的壁厚及可能存在的一些折射的表现。

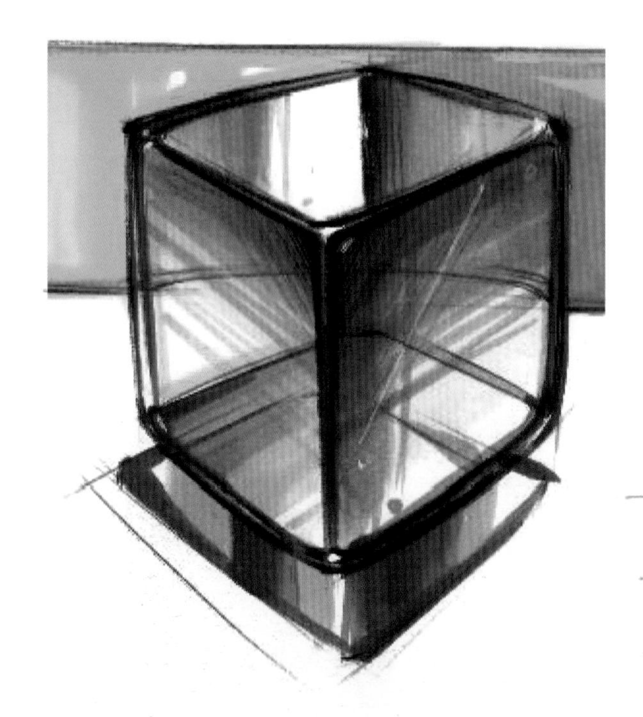

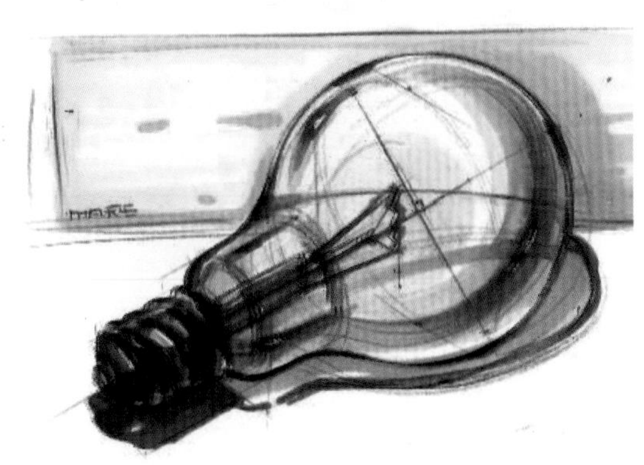

D. 木质

从早期的手工艺制品开始，到现代工业生产中的各类板材，甚至是中国传统的榫卯结构，木头都是生产中的重要材料。

在工业设计中一般只是借用木材的质感，主要用木质的纹路和肌理呈现产品的档次，在绘画木质产品时需要在绘制基本光影的基础上加入木质的纹路。

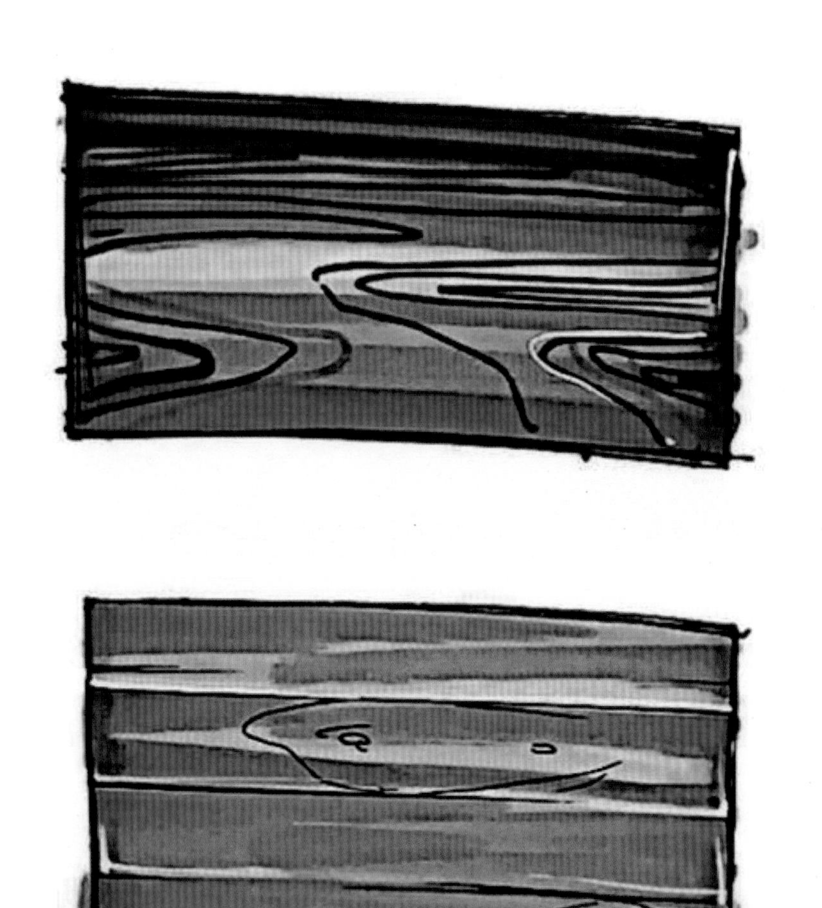

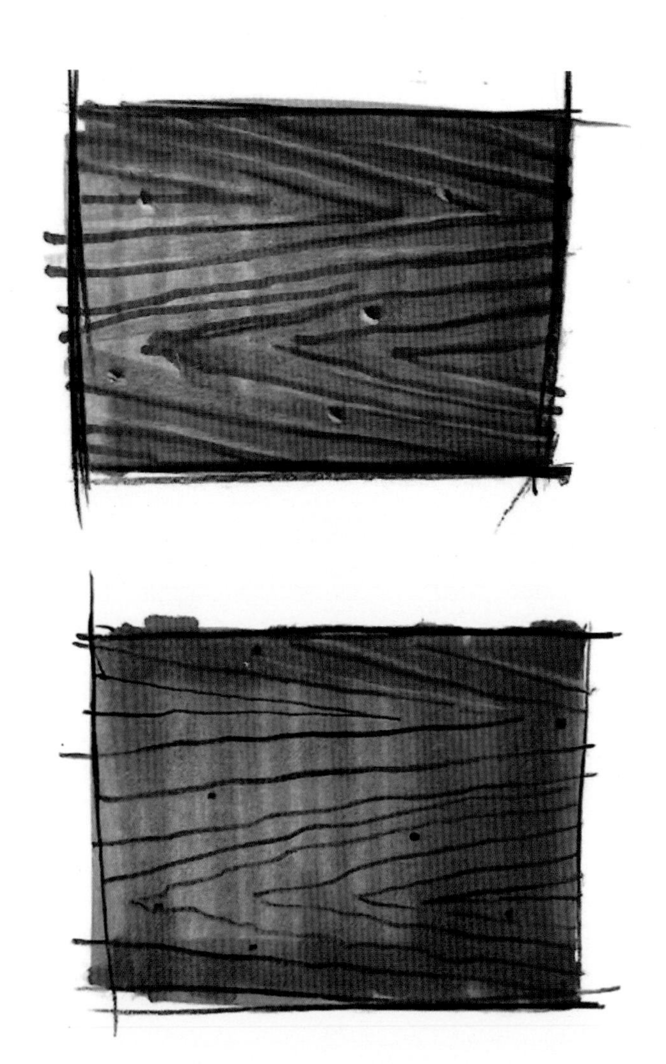

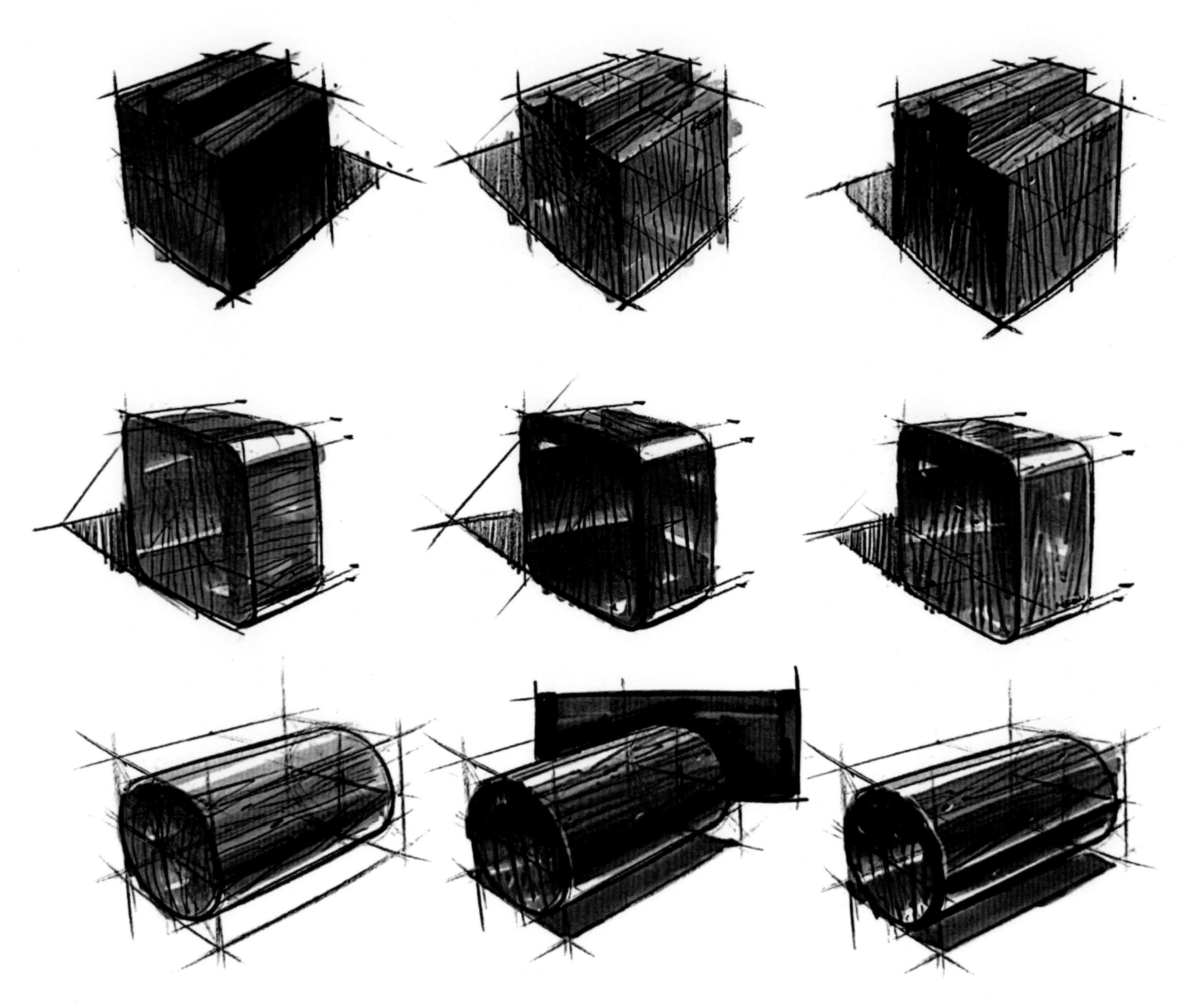

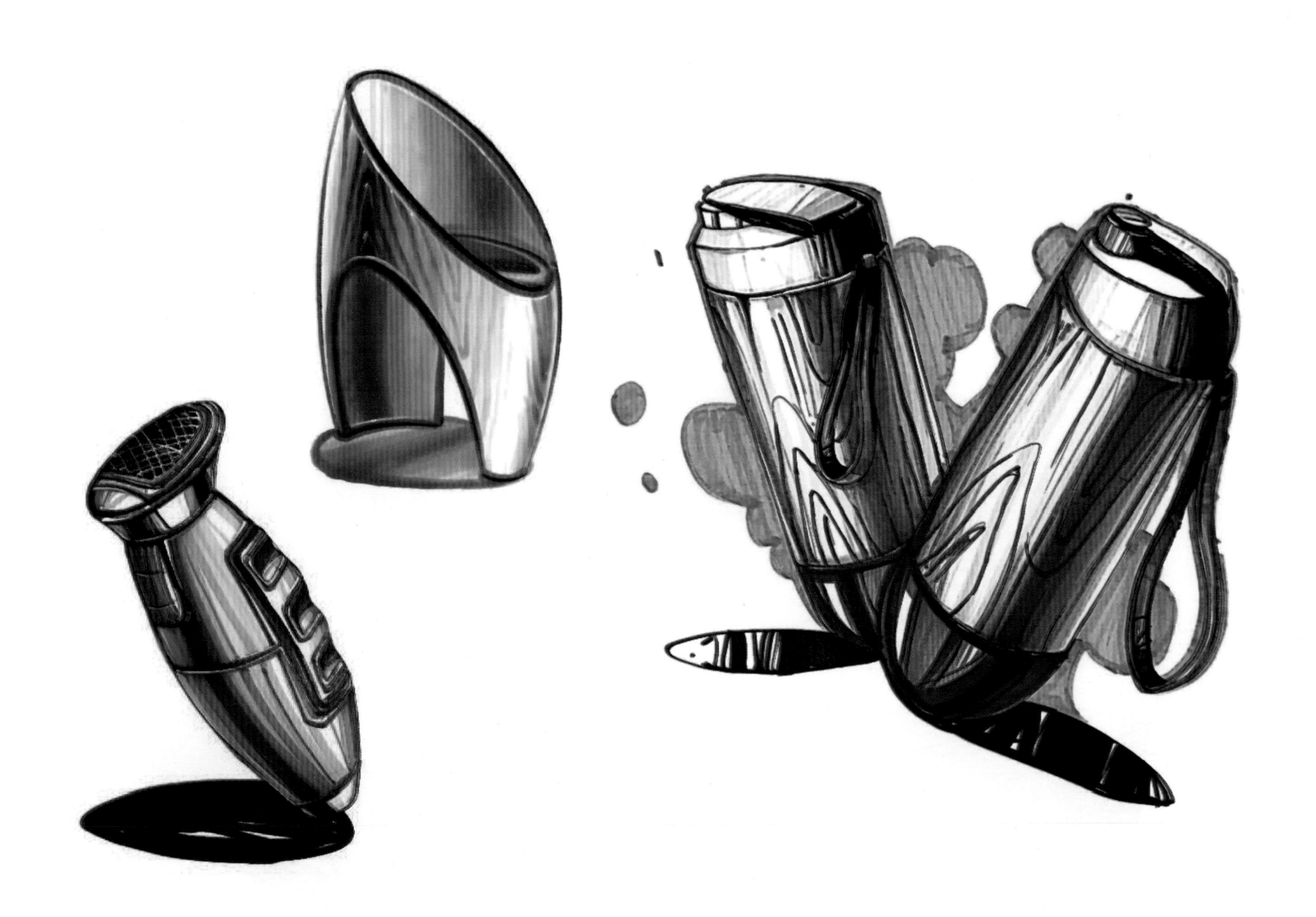

E. 皮质

皮质具有自然的粒纹和光泽，手感舒适。在工业设计中采用皮质主要表达高贵、舒适的质感及对家庭温馨感觉的追求，通常应用于沙发座椅、箱包类产品、汽车内饰等。

相较木材，皮革的表现主要多了颗粒凸点，还有就是皮革类产品拼接过程中的缝纫线，这是皮质的主要表现特征。

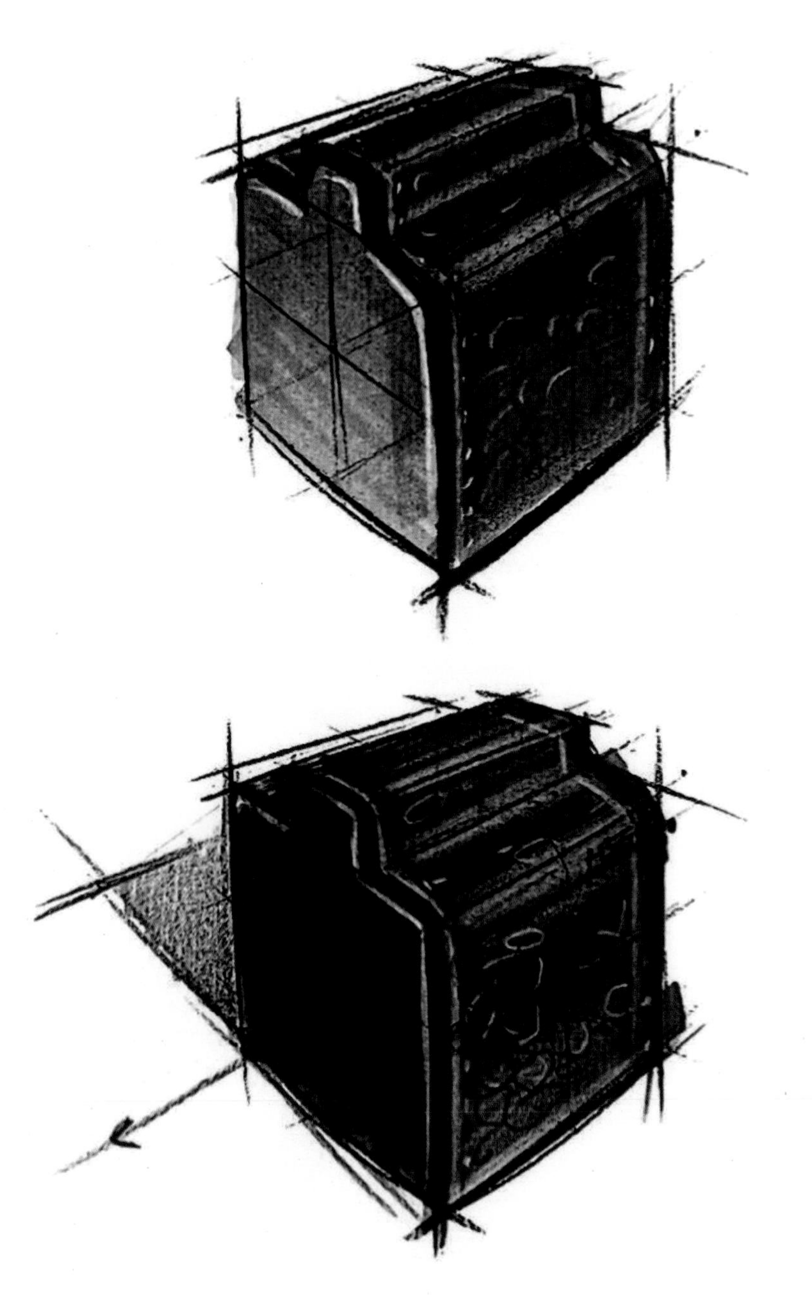

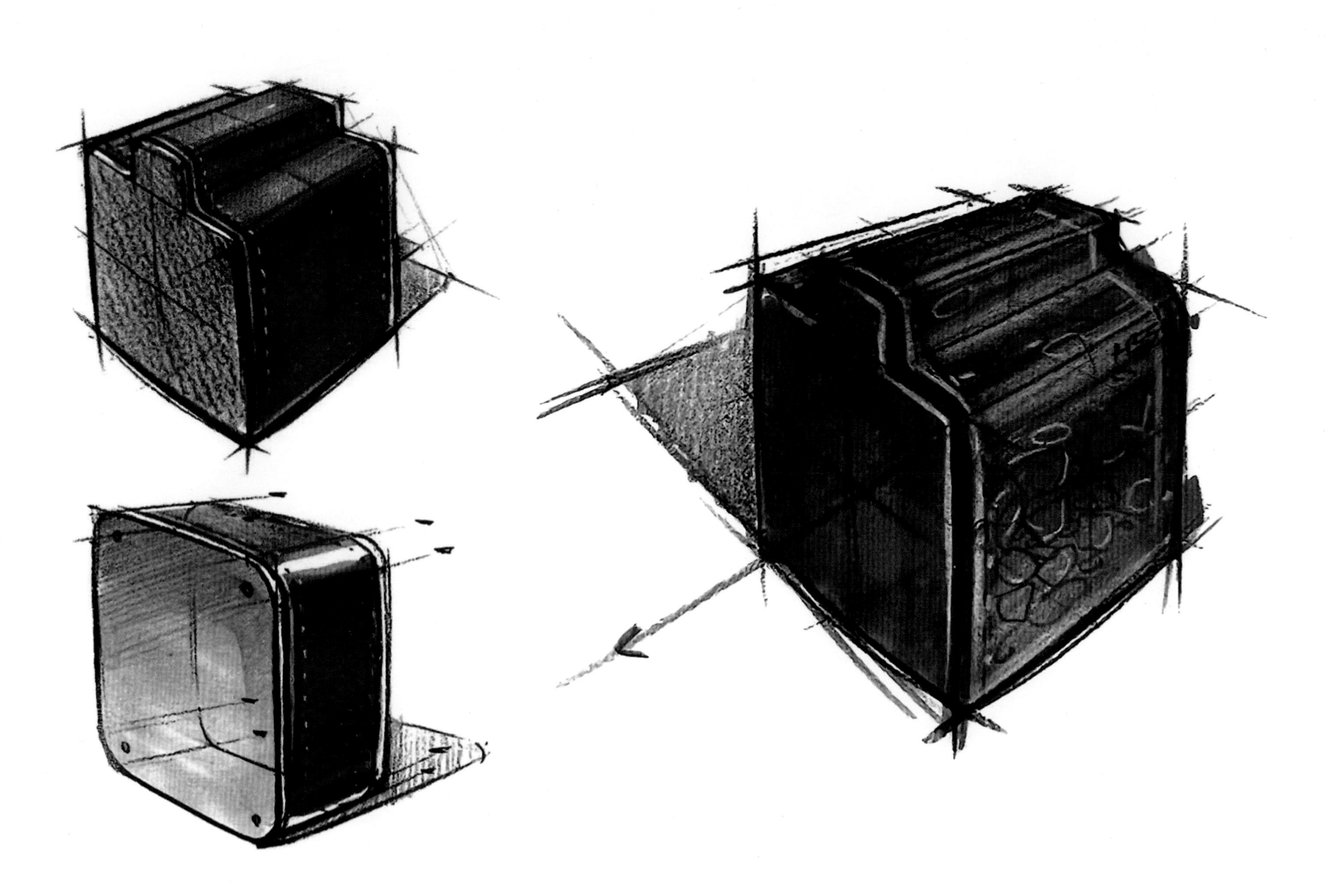

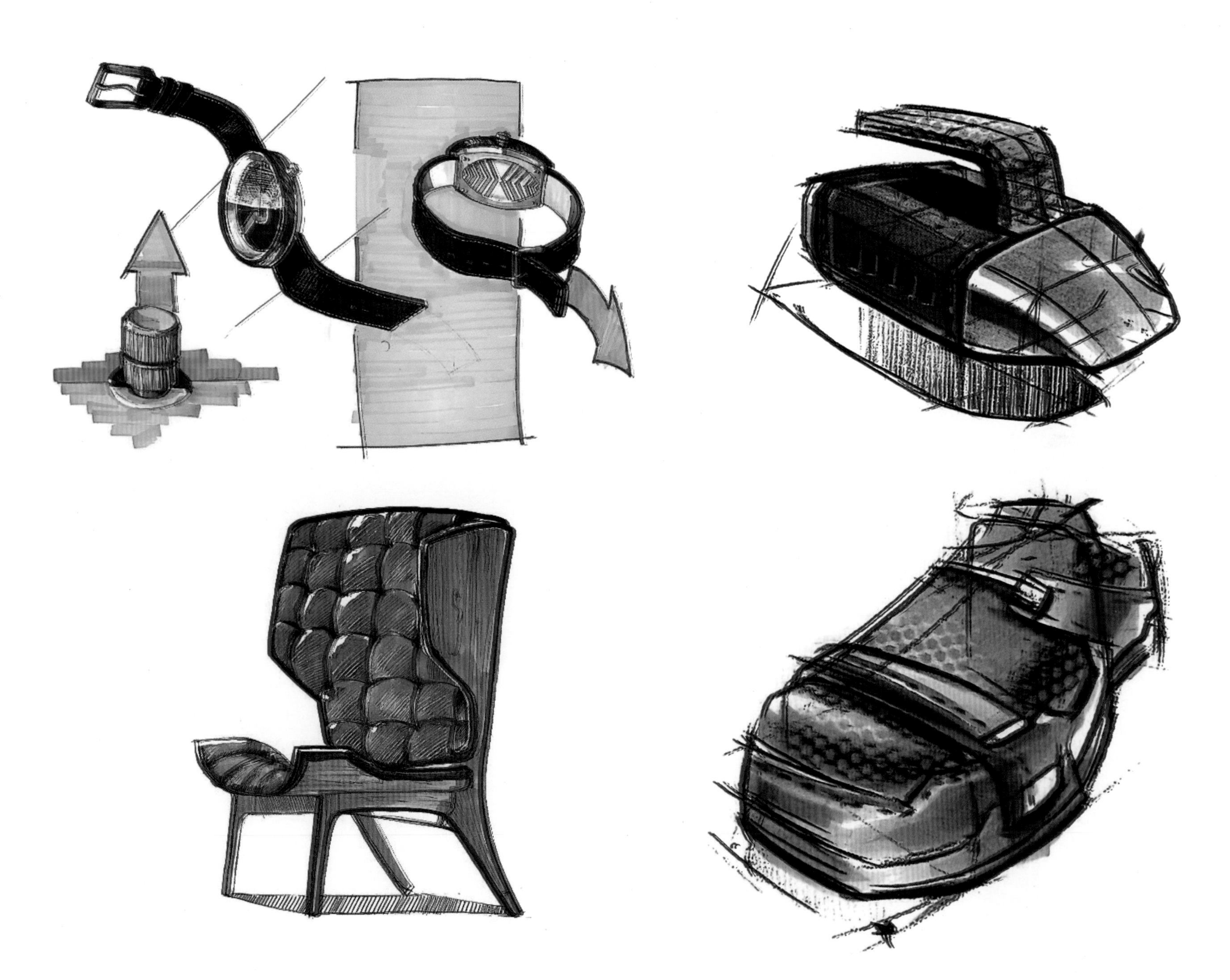

8.3 配色

A. 色彩与产品

产品设计中的色彩不是孤立的，而应结合产品特点来配置。在不同的材质下运用相同的色彩效果也是不同的；在不同的环境下适用的色彩是不同的；不同性质的产品也需要不同的色彩表现。

红色：容易引起注意，一般作为工业安全领域警告、危险、禁止等标示的用色。

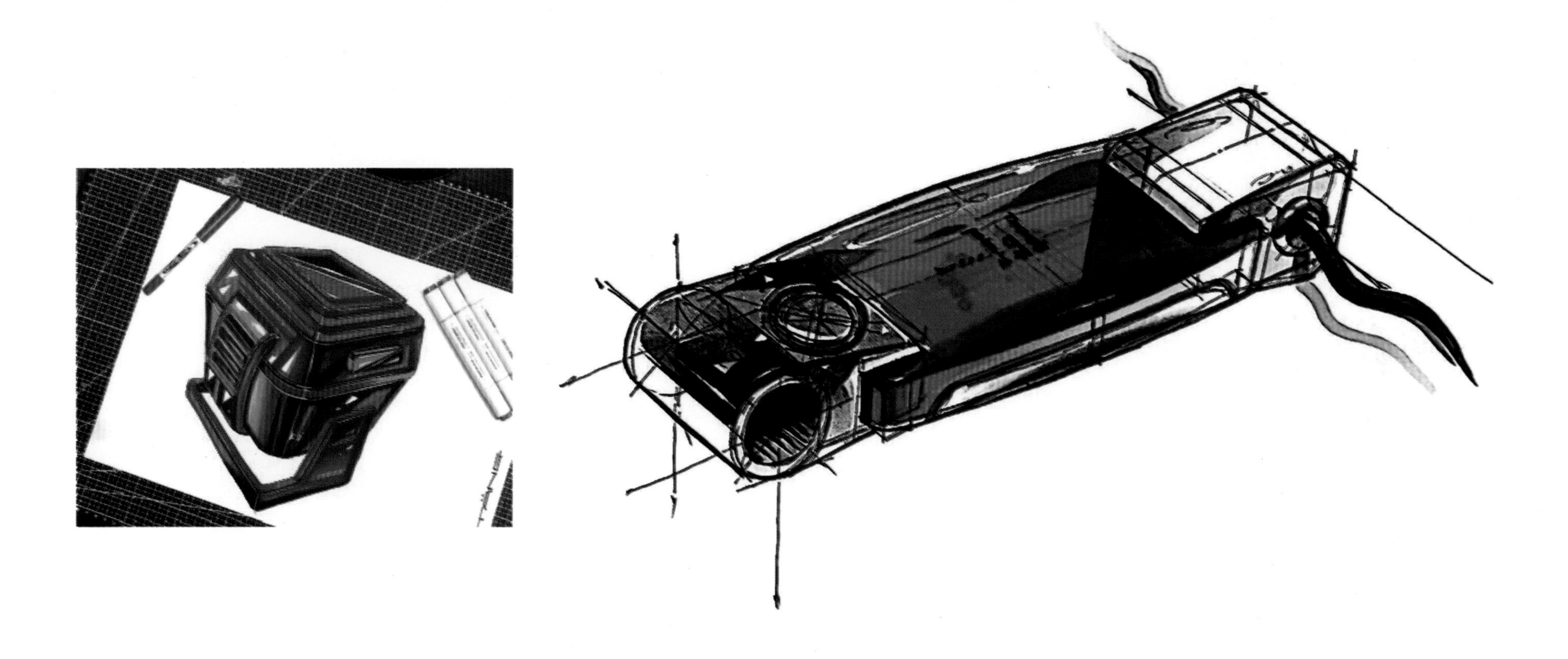

橙色:明度高,通常用于传达有活力、积极、温暖等含义,也用作警戒色。

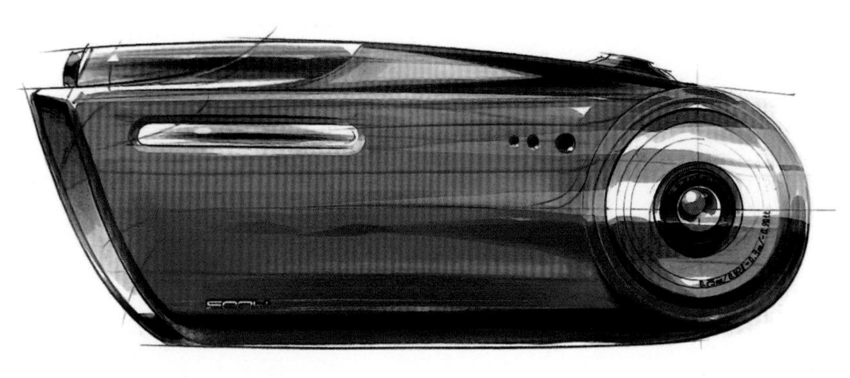

绿色:在产品设计中传达清爽、希望、生长的意象,一般用作医疗产品或标示用品颜色。

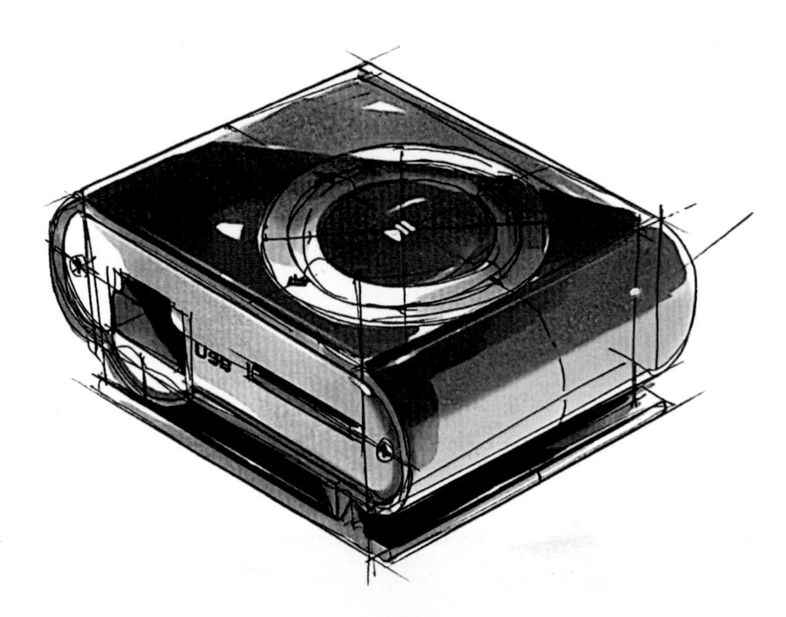

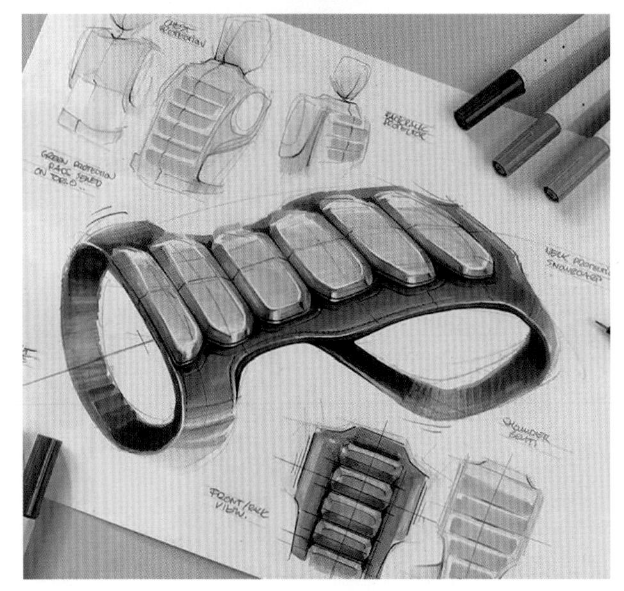

蓝色:在设计中强调科技、效率,多用于电子设备、汽车等产品。

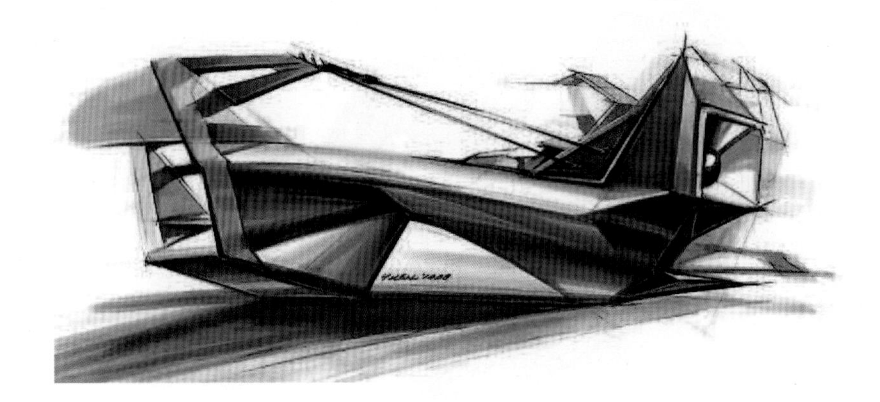

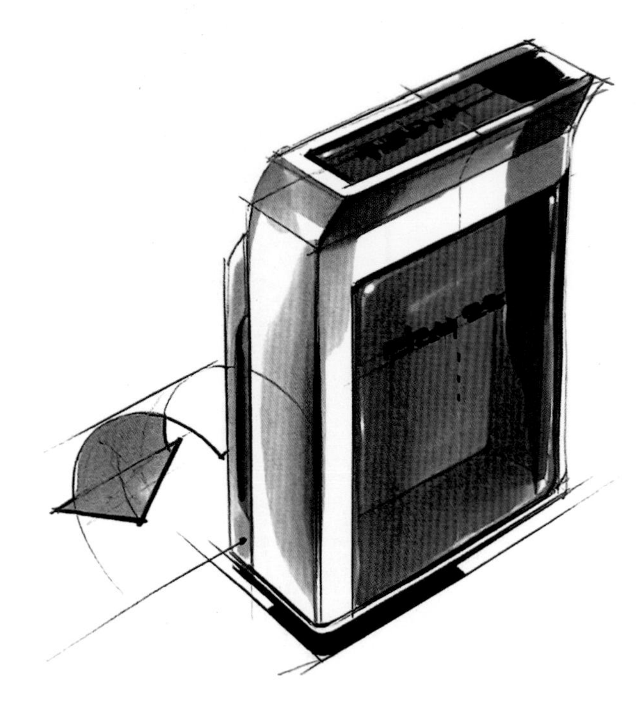

白色:具有高级、高科技的意象,在手绘中多用于搭配其他颜色。

黑色：传达稳重、高科技的意象，多用于表现摄影机、音箱、跑车等。

灰色：光泽柔和，多用于金属等材料表现。

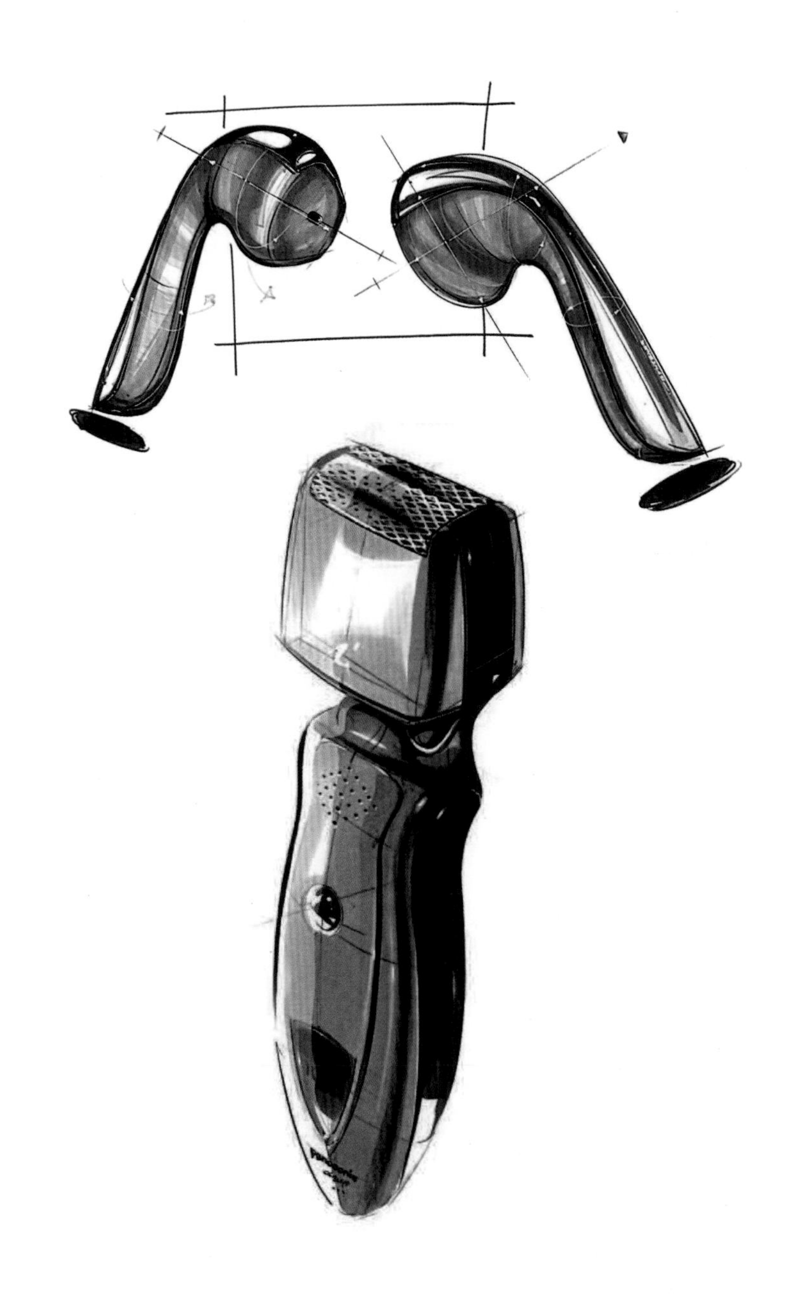

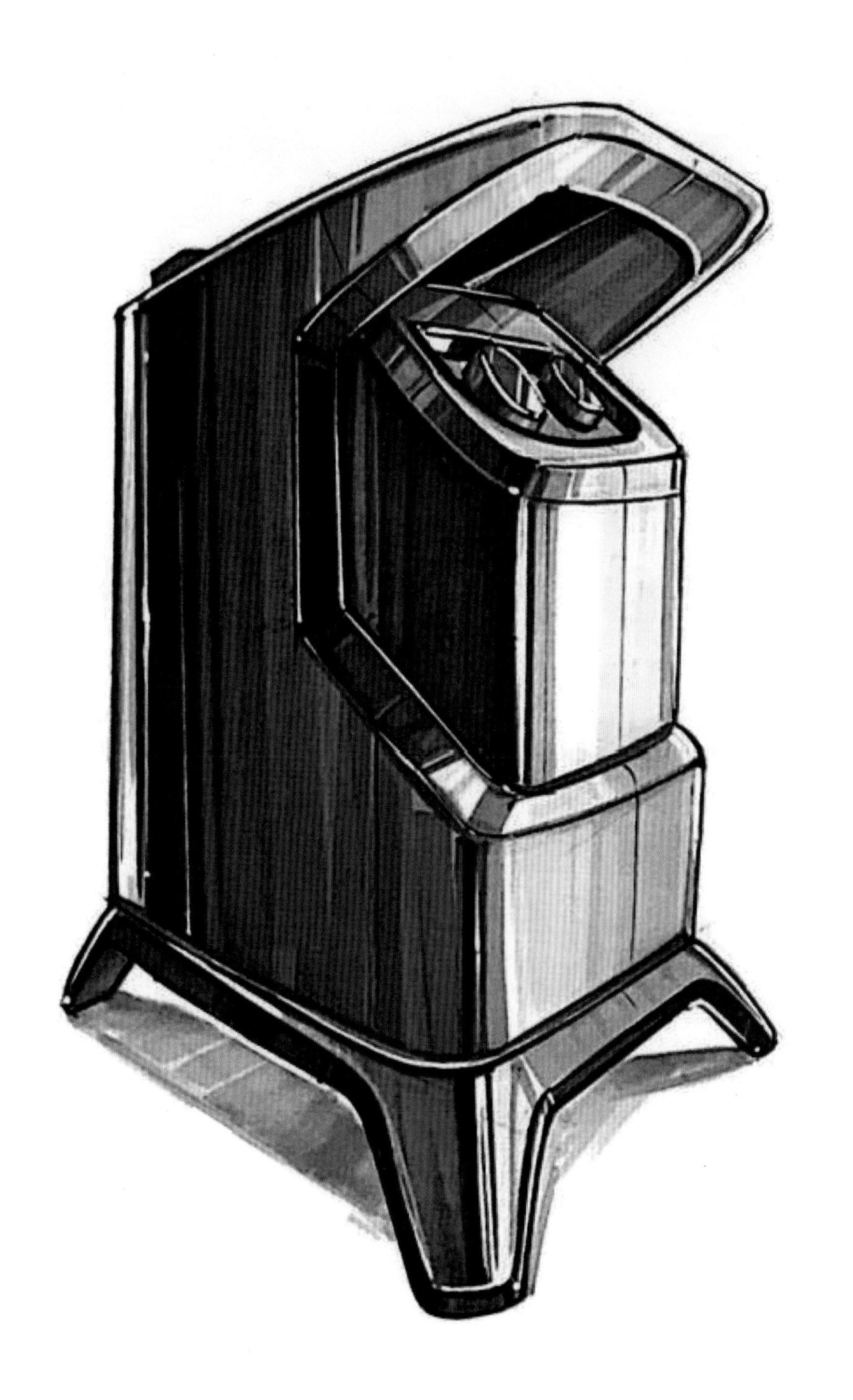

B. 色环中的补色

色环中，任何一个等边三角形、等腰三角形或者矩形的颜色都属于和谐色。夹角成 180°（正对着）的两个颜色就是互补色。

例如：黄色和紫色是正对着的，夹角是 180°，黄色和紫色是互补色；橙色和蓝色是正对着的，橙色和蓝色是互补色；泛红的橙和泛蓝的绿是正对着的，那么这两个颜色是互补色。

互补色的意思就是互为补色的两个颜色对比最强。在一堆红色物体上，放等量绿色物体和黄色物体，会发现放绿色物体更抢眼。

C. 色彩数量

设计手绘中色彩不要选太多，一般以一种色彩为主色调，以灰色为辅，一幅作品中有 2～3 种色彩即可。

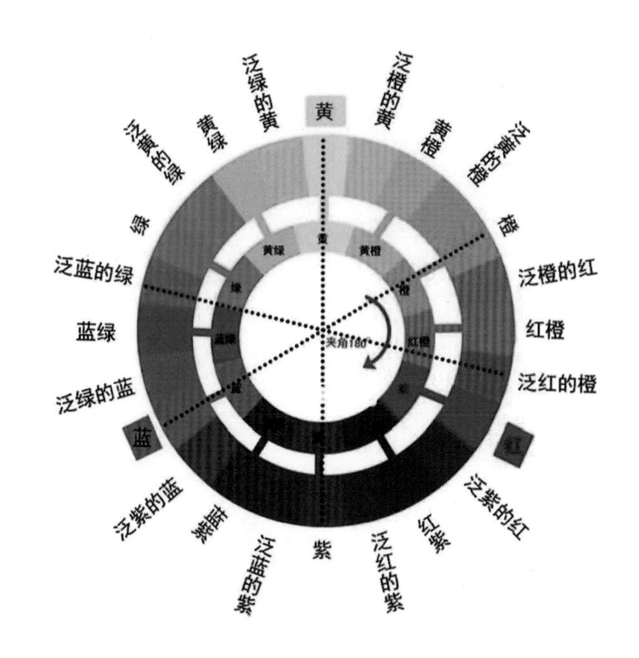

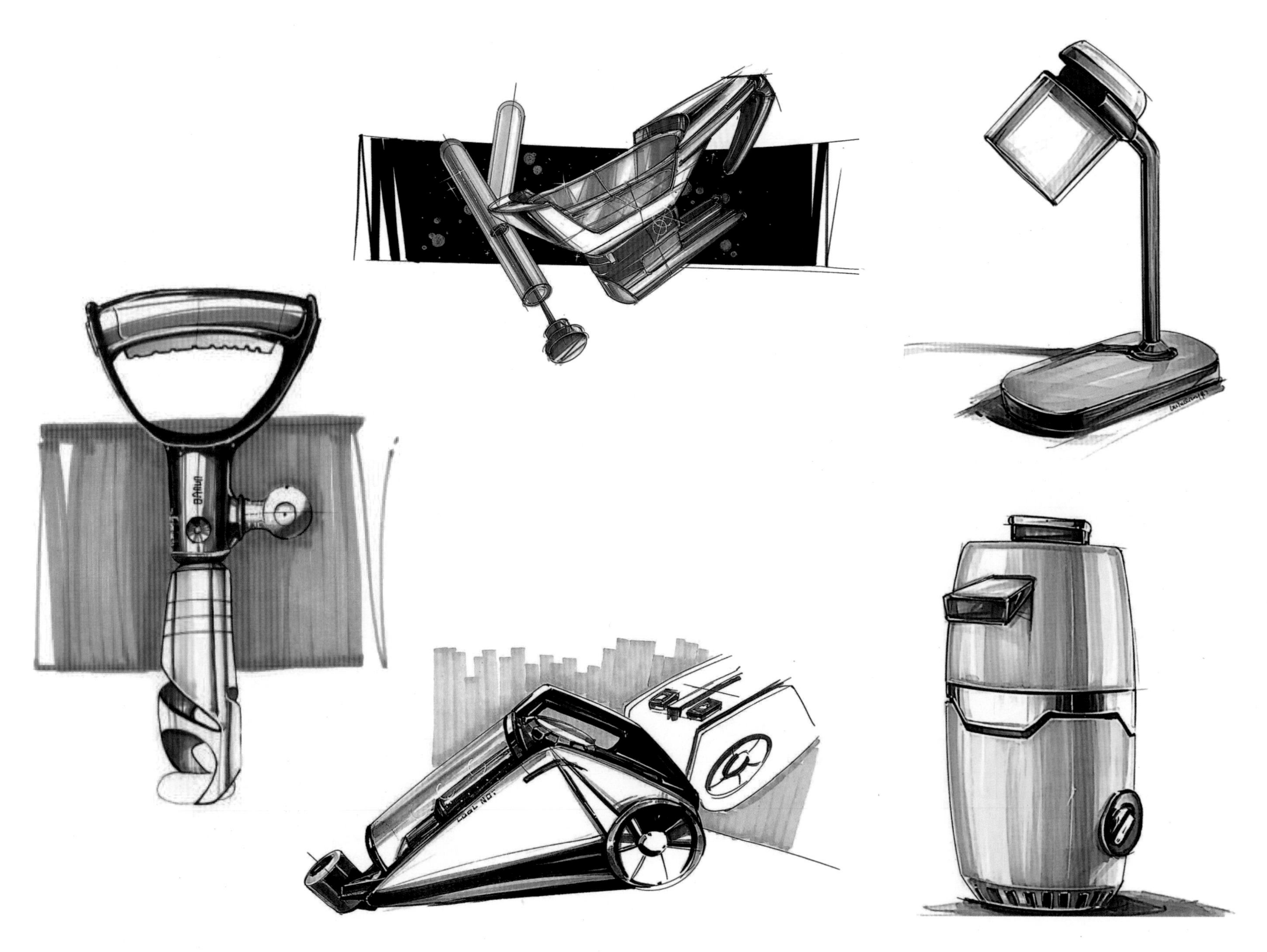

8.4 综合表现

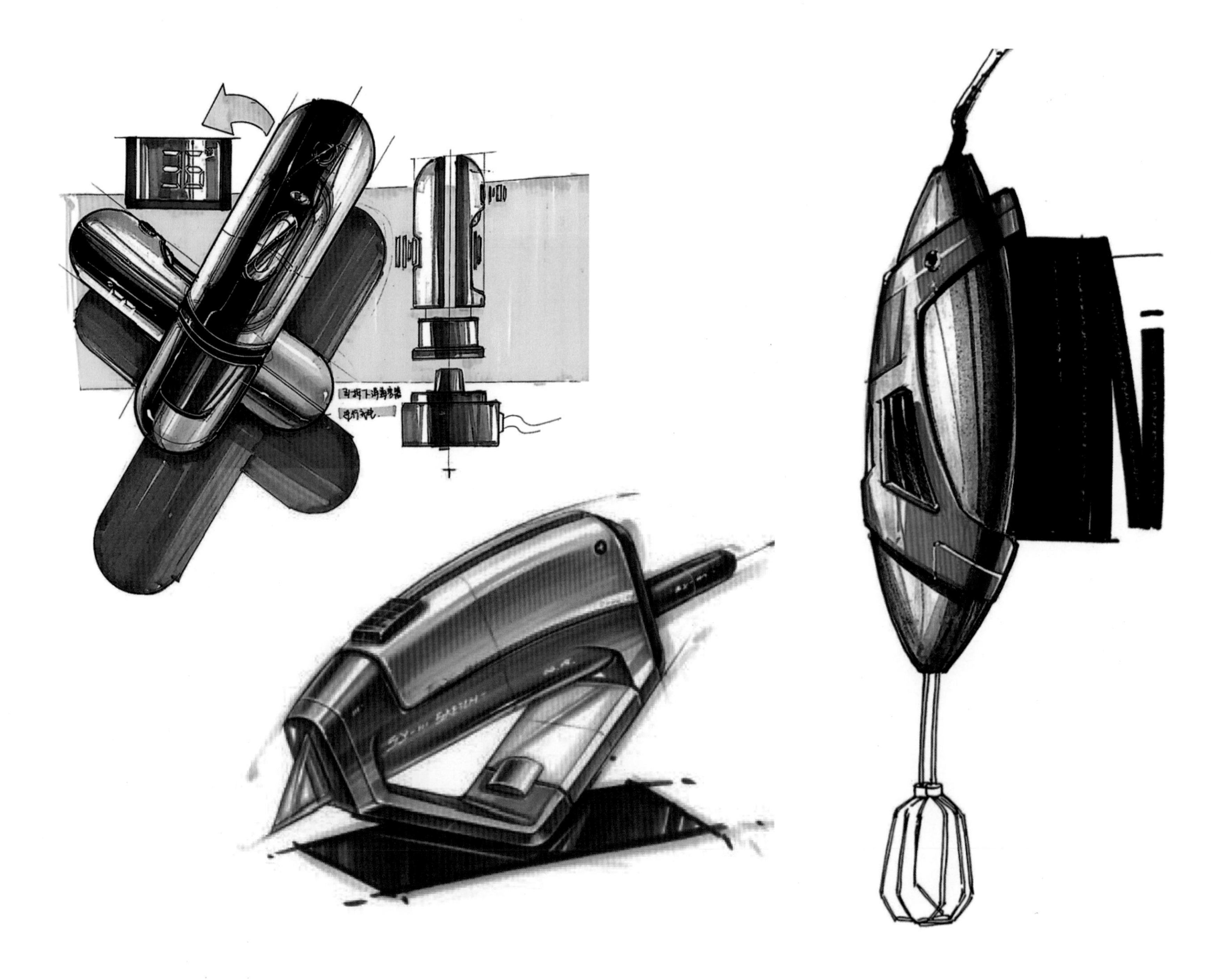

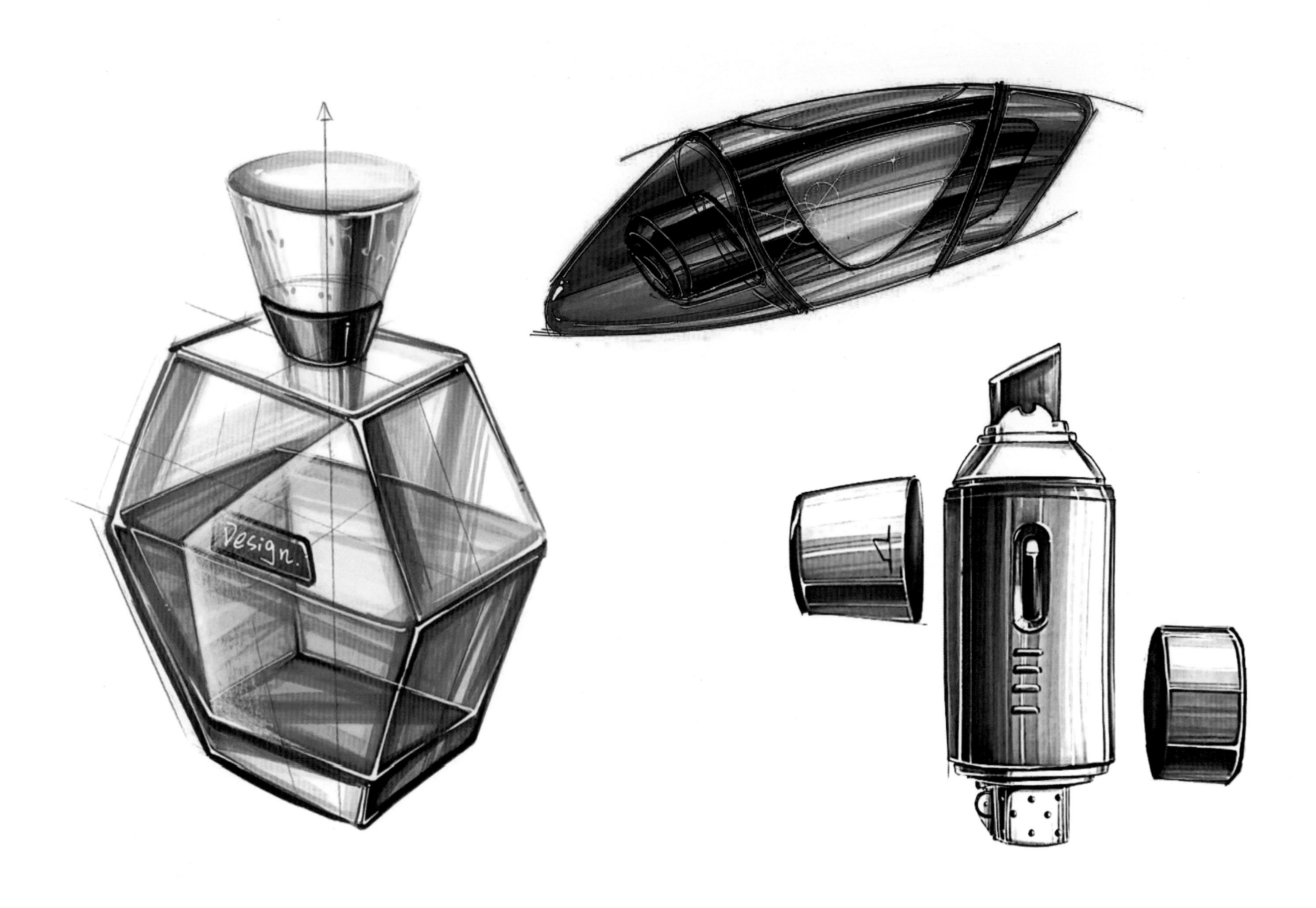
Design.

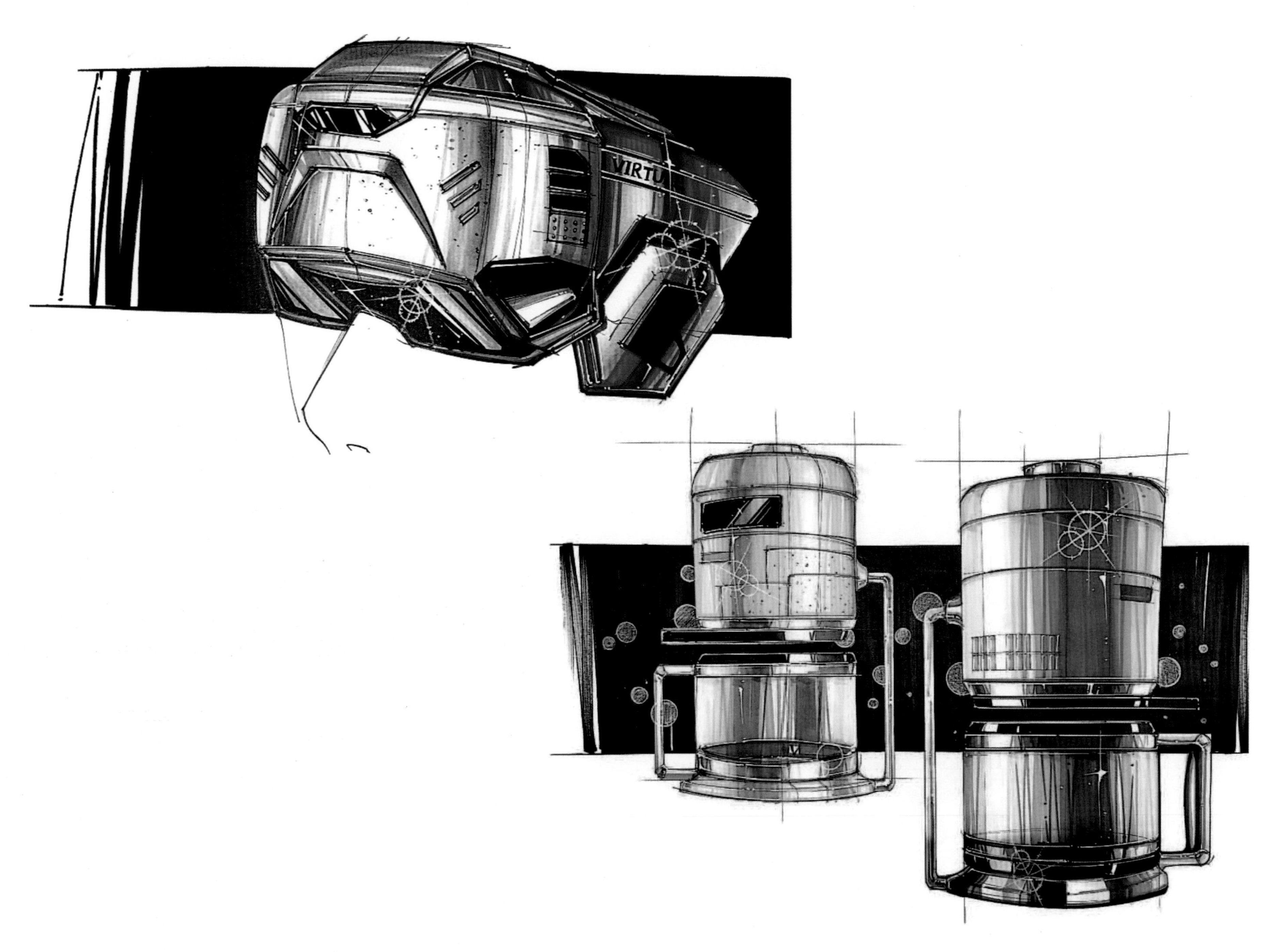
VIRTU

9.1 作品构图

A. 构图的基本形式

在工业产品设计手绘创作过程中常见的构图形式有水平式(安定、有力)、三角形(均衡又不失灵活)、圆形(饱和、有张力)、辐射式(有纵深感)、中心式(主体明确,效果强烈)等。

1. 水平式构图。

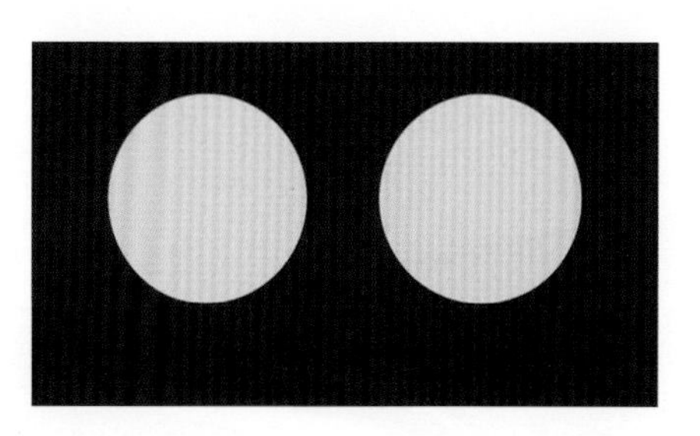

特点:产品呈水平式布置或色调、颜色变化呈水平形式。

优势:是一种安定的构图形式,具有安定、有力的特点,画面具有稳定性。

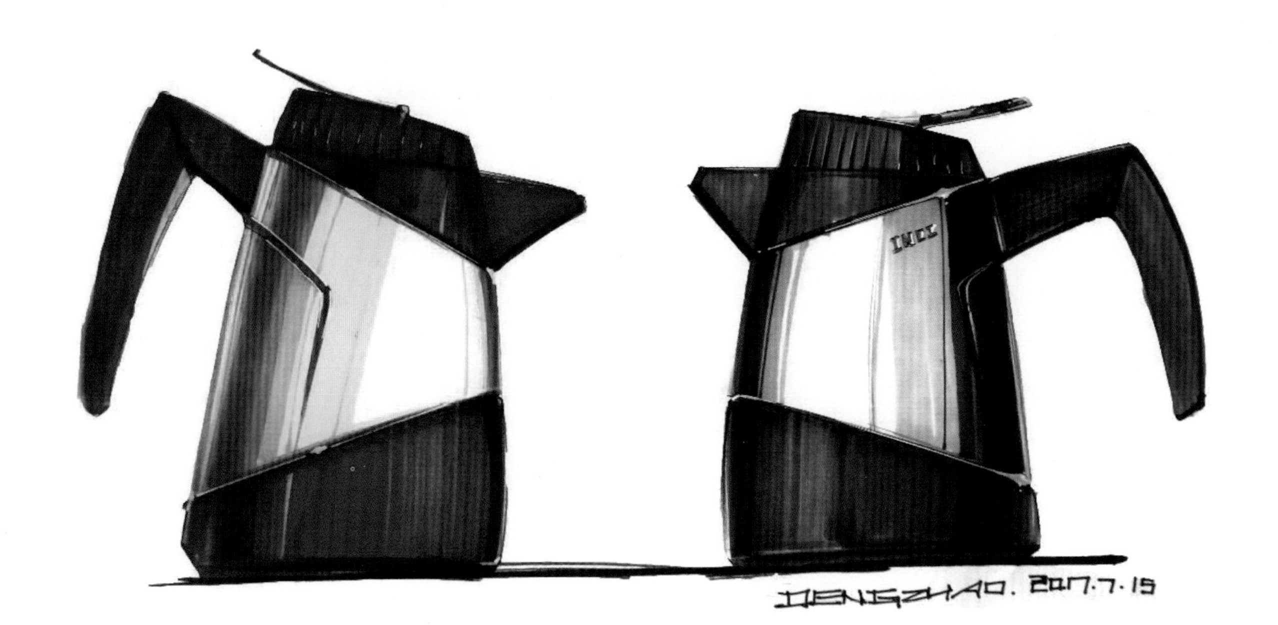

2. 三角形构图。

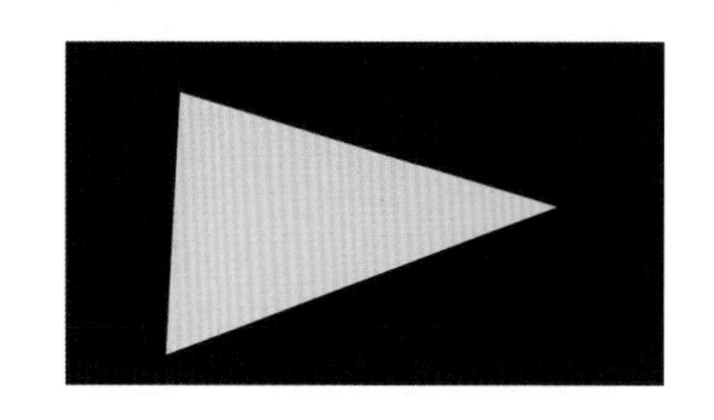

特点：一般是以三个视觉中心为表现对象的主要位置，有时是以三点成面几何构成安排表现对象，形成一个稳定的三角形。

优势：把主体安排在三角形斜边中心位置上时画面效果会有所突破。三角形构图具有均衡但不失灵活的特点。

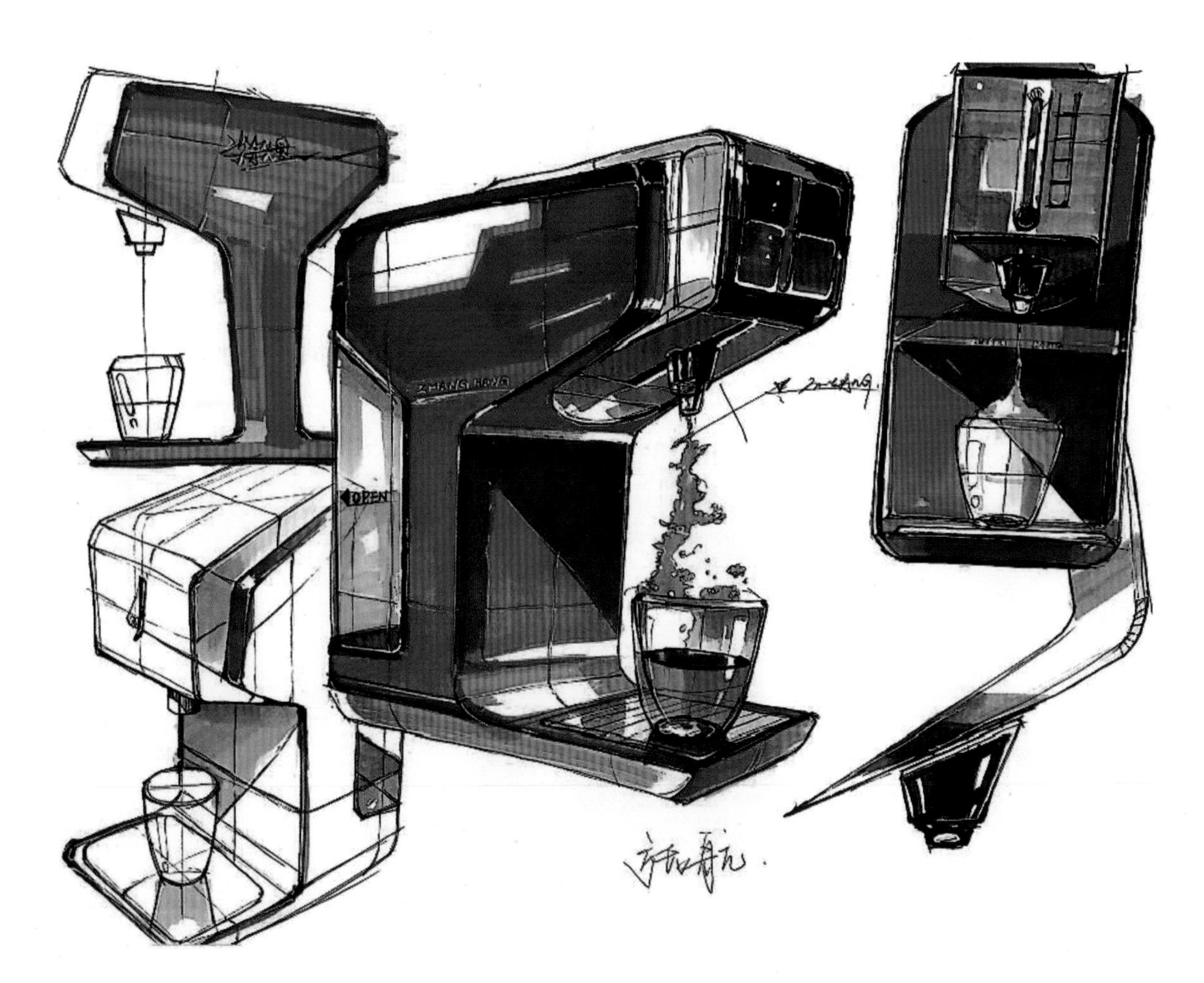

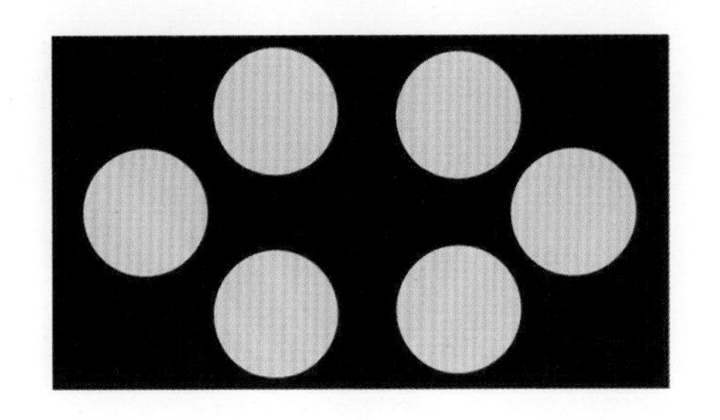

3. 圆形构图。

特点：圆形构图通常指画面中的主体布置呈圆形。

优势：在视觉上给人以旋转、运动和收缩的美感。在圆形构图中，如果出现一个集中视线的趣味点，那么整个画面将以这个点为轴线，产生强烈的向心力。

4. 辐射式构图。

特点：辐射式构图视觉冲击力强，向外扩展的方向感和动态都很明显，虽然辐射出来的是线条或图案，但是按其规律可以很清晰地找出辐射的中心。

优势：增强画面张力，凸显辐射中心，紧扣画面主题。

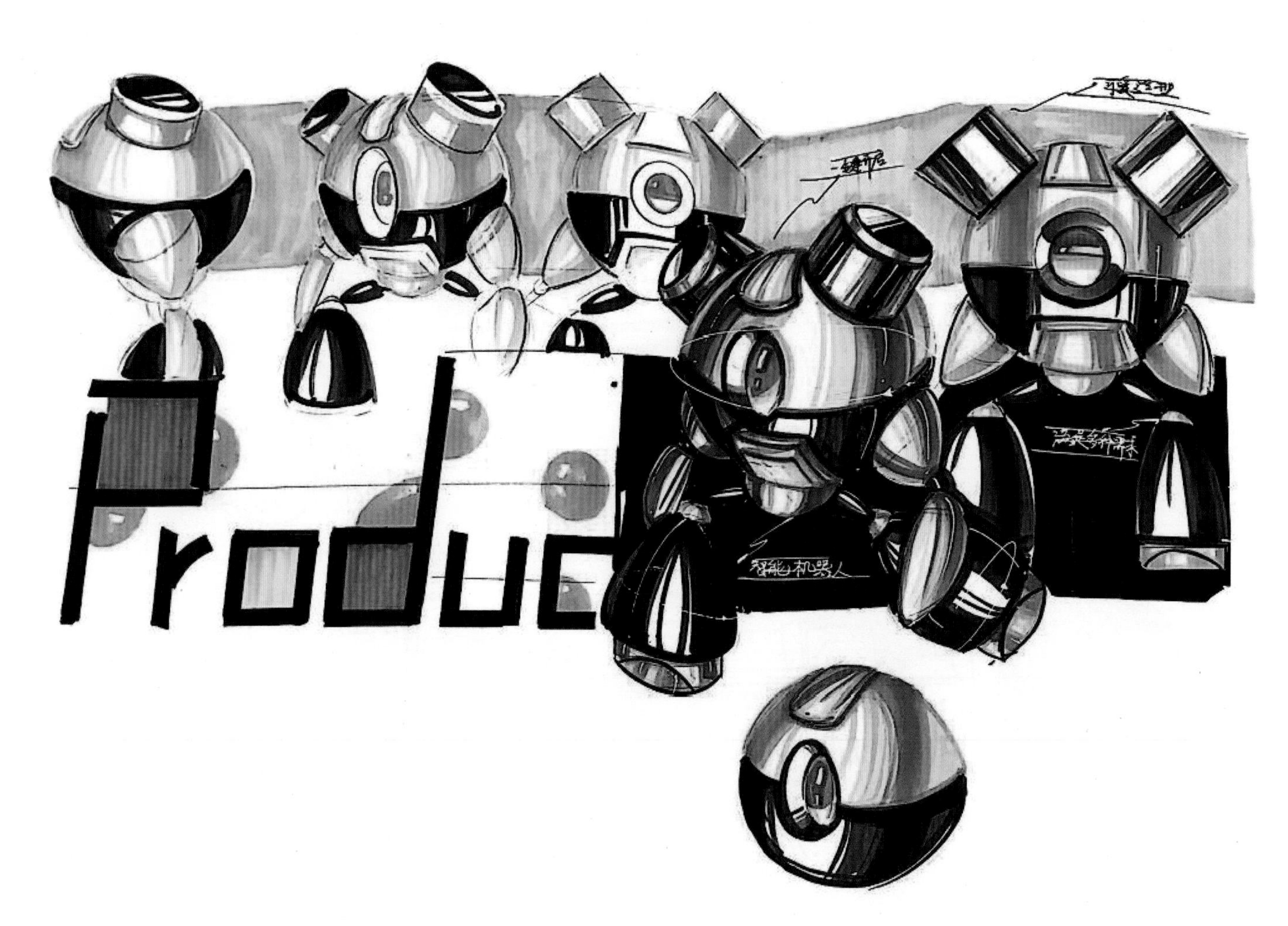

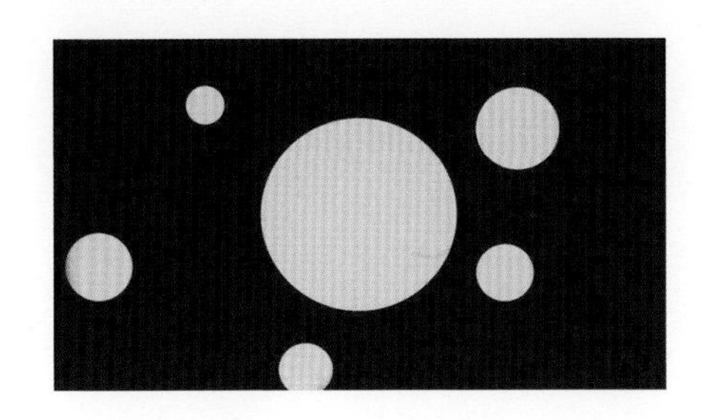

5. 中心式构图。

特点：中心式构图也叫向心式构图，主体处于中心位置，四周景物向中心集中，能将人的视线引向主体中心，起到聚集视线的作用。

优势：具有突出主体的鲜明特点，但有时也会产生压迫、局促、沉重的感觉。

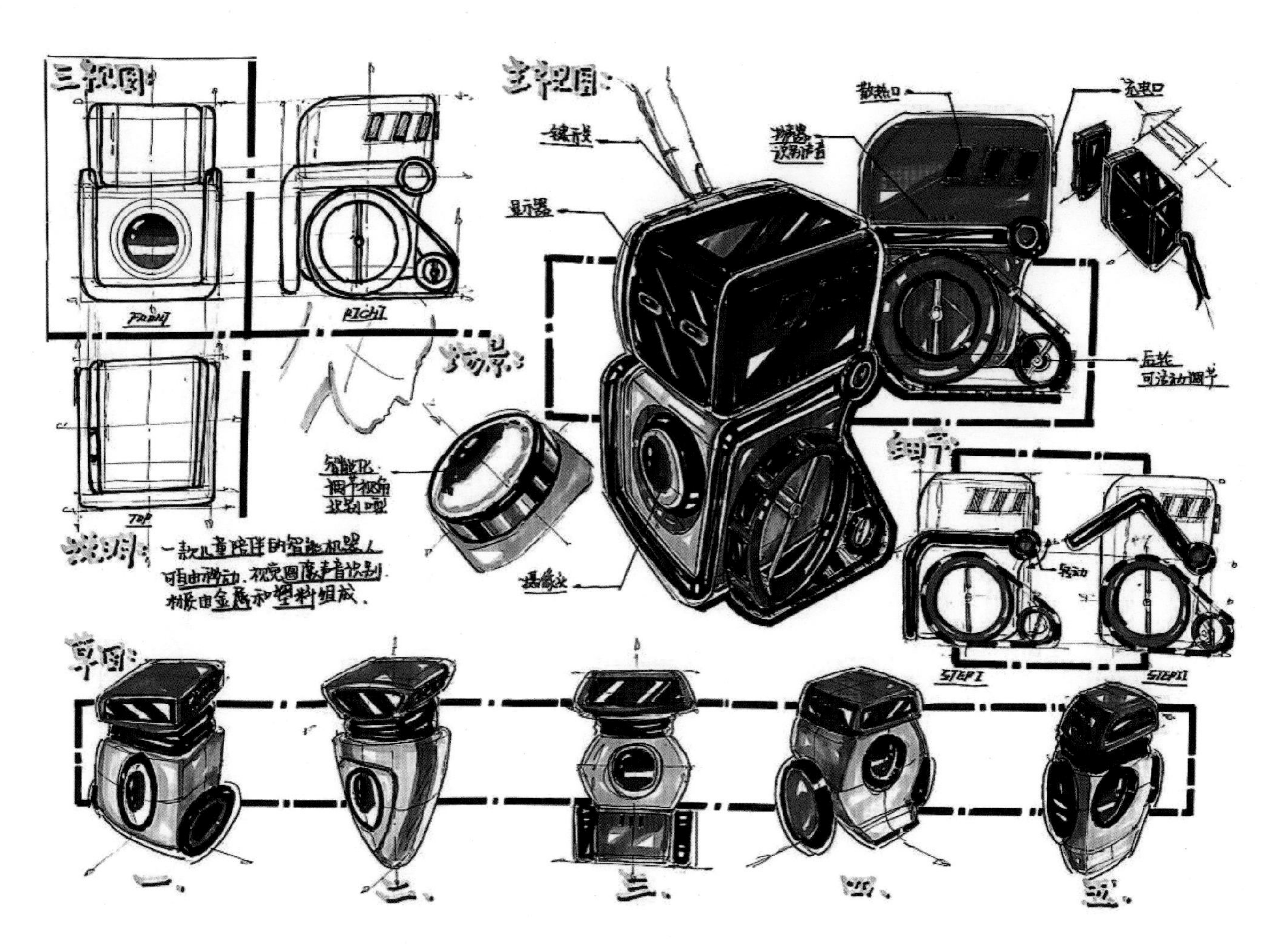

B. 辅助元素

设计分析：用简洁的文字对设计对应的人群以及产品的功能和创新点进行阐述。也可用手绘故事或情景代替。

细节：包括箭头及手势在内的细节表现，一方面能使画面更加丰富，另一方面也能使产品的整体功能（细节功能）更有指向性。

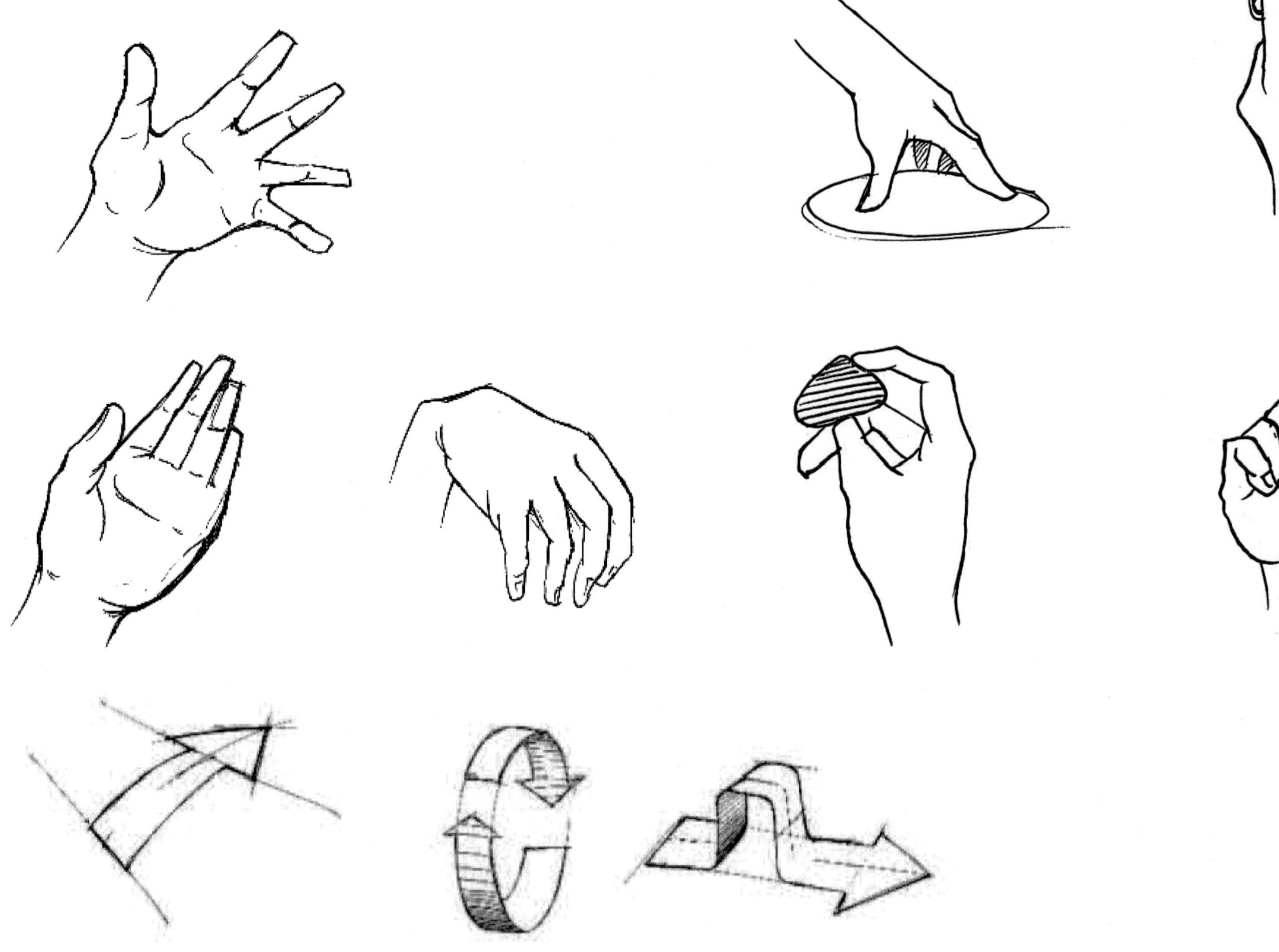

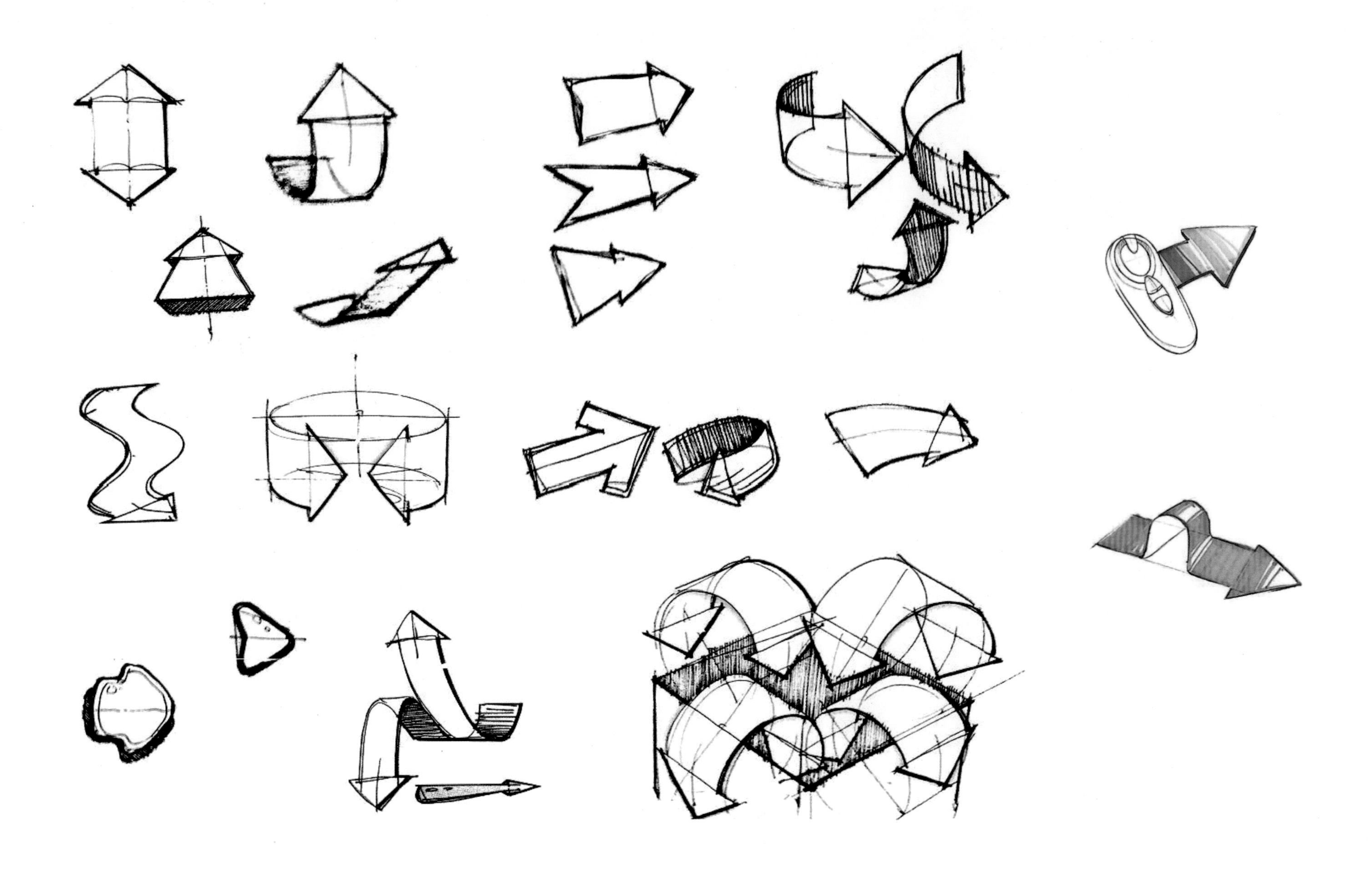

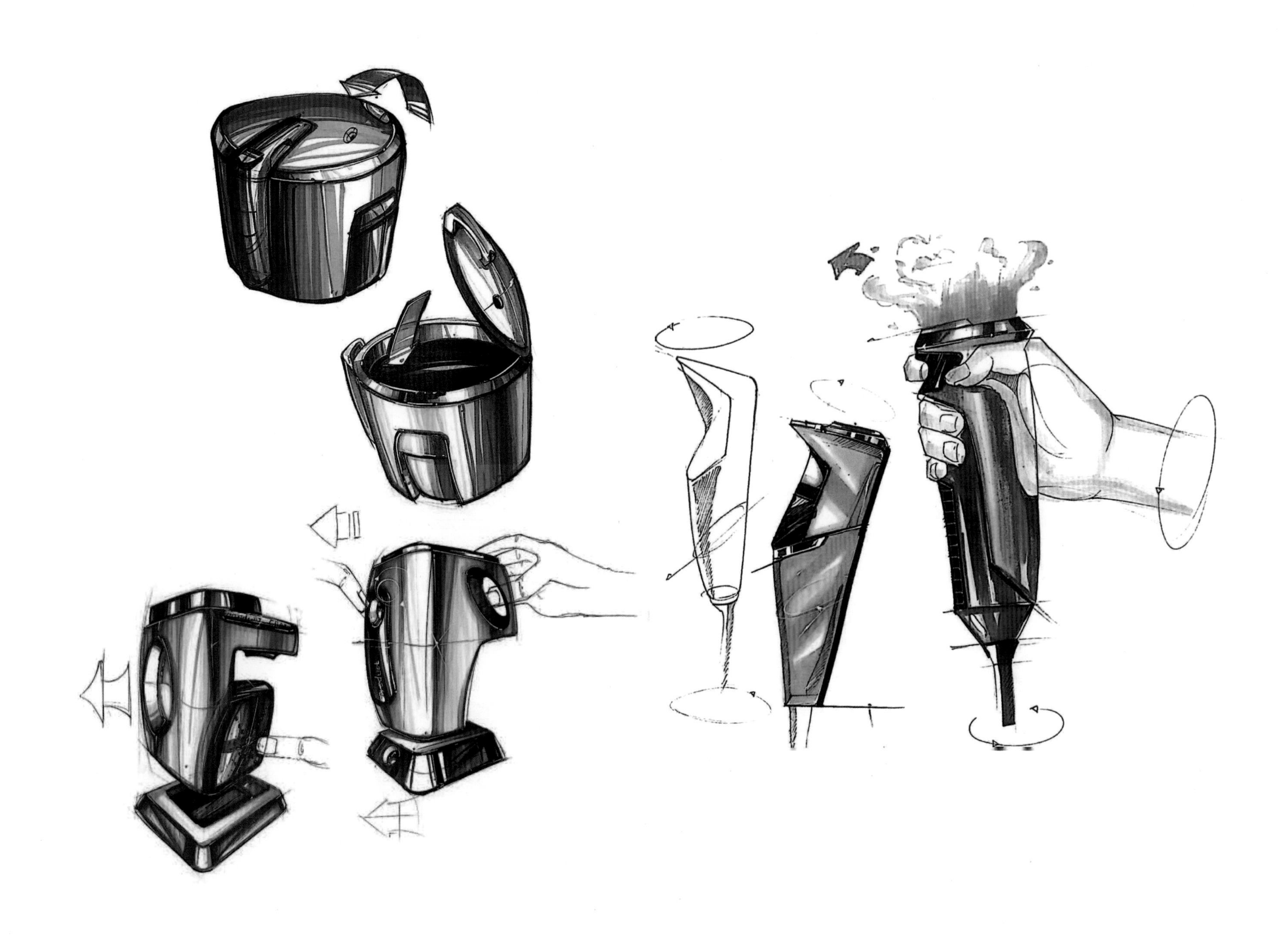

多套设计解决方案:围绕新的功能创意或发明展开造型绘画工作,在具有逻辑性的前提下尽量拉大创意与造型的跨度,使得观看者深度理解设计者的综合能力。

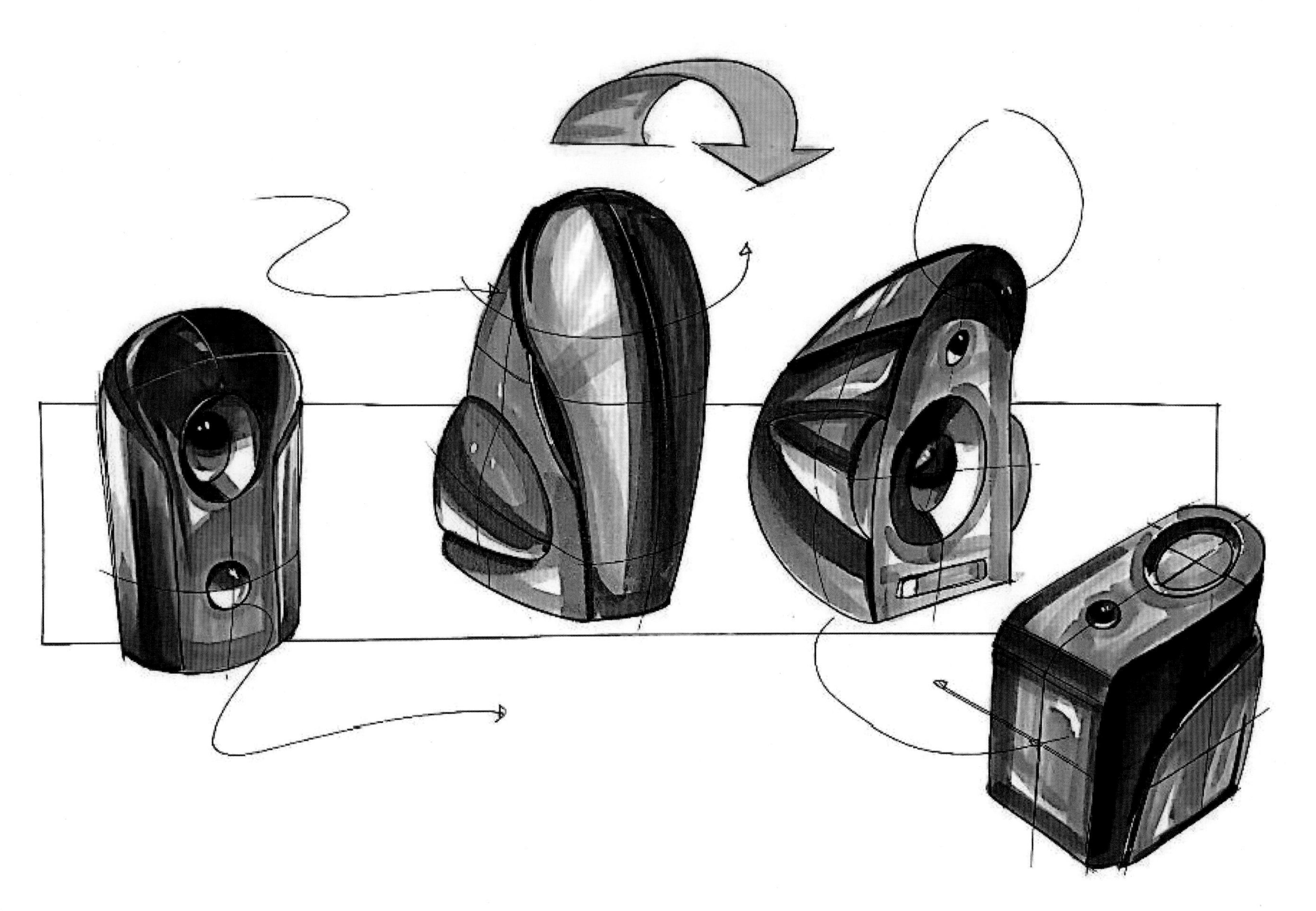

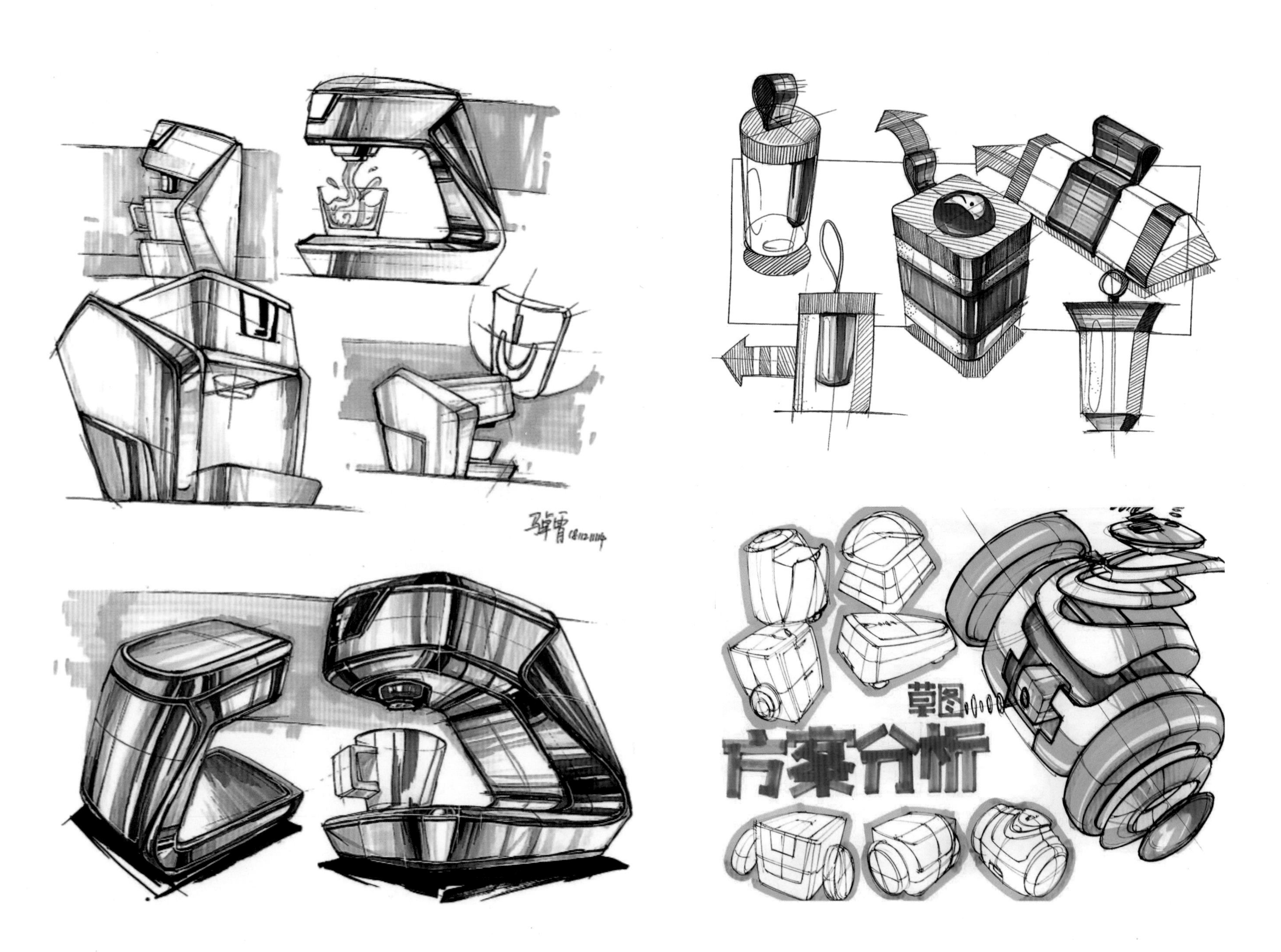
草图
方案分析

基本主体图及相关视图：可以根据所设计产品的表现需要选择几个主要的视图，并辅助绘制相关右视图、左视图、俯视图、仰视图、后视图等。

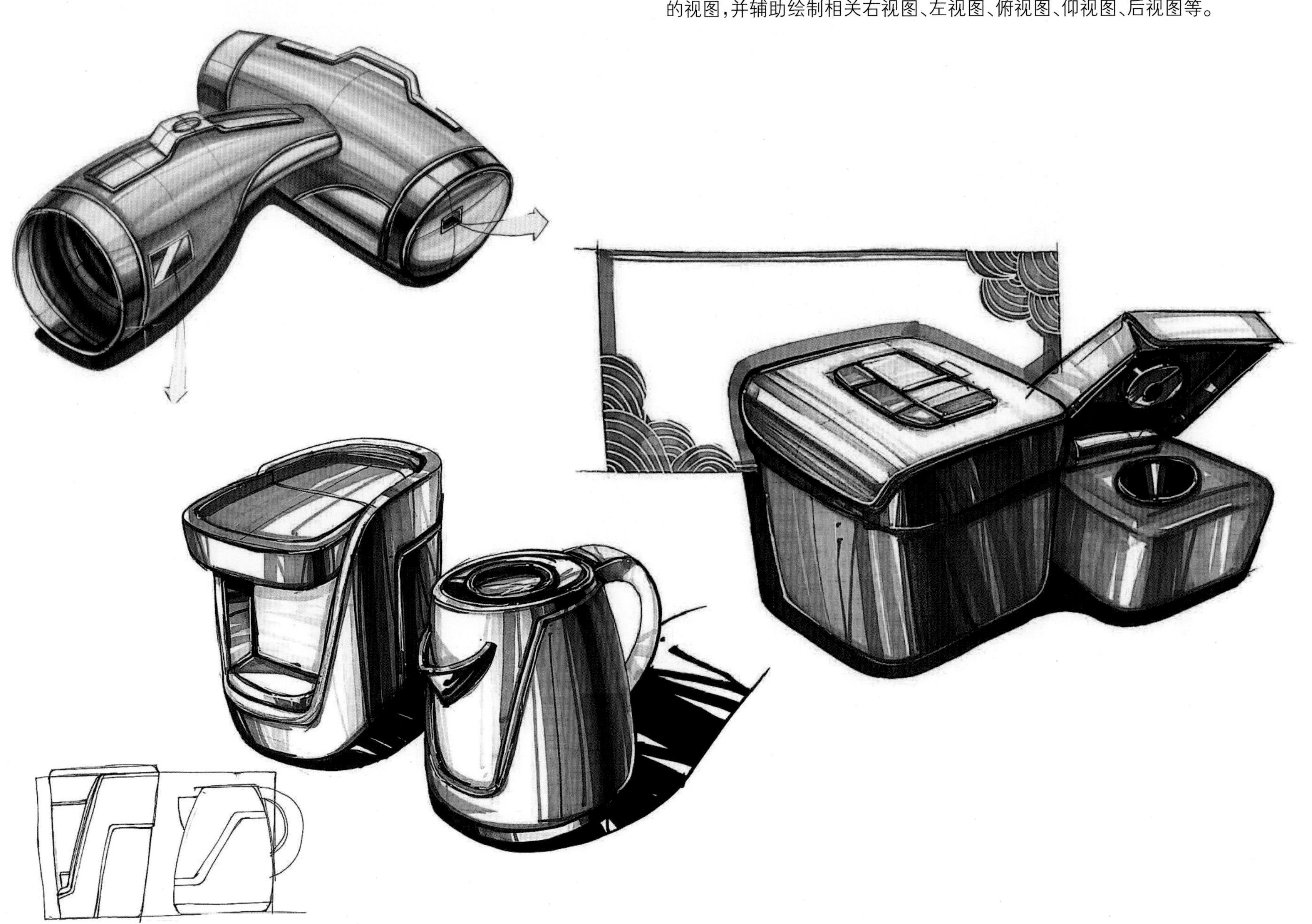

爆炸图与细节图:为了特别表现某些产品的功能与造型,需要对产品结构进行分解,或对某一部分进行放大处理;可以与设计风格与相关方案相融合。

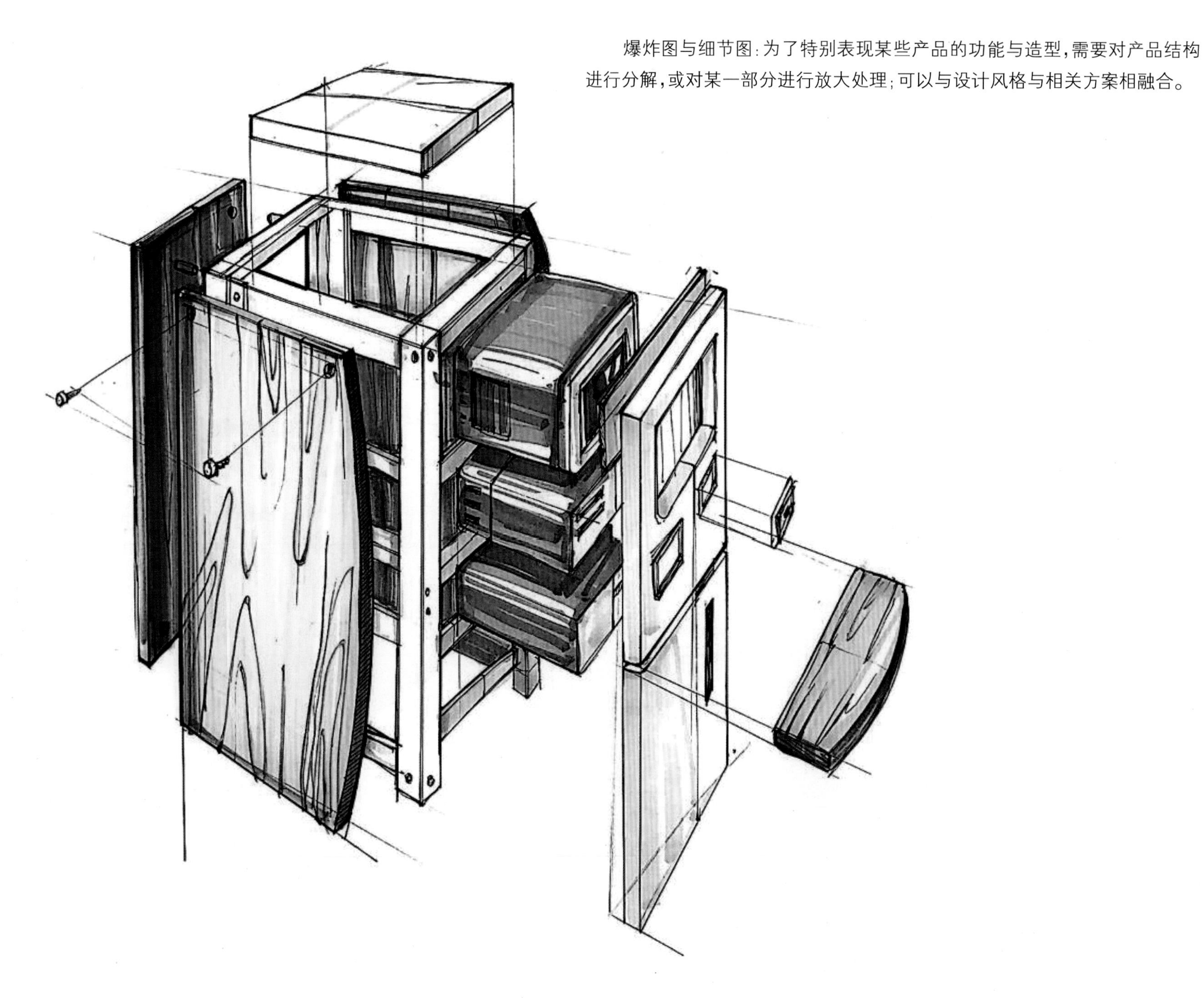

POP 手绘标题、说明书字体设计：根据设计创意展开相关元素的 POP 标题手绘，而说明书相关字体的设计则遵循统一的原则，字体大小不要超过三类（次标题一类、说明文一类、图示结合的文字一类），尽量清晰明了，让审阅者一目了然且可读性强。

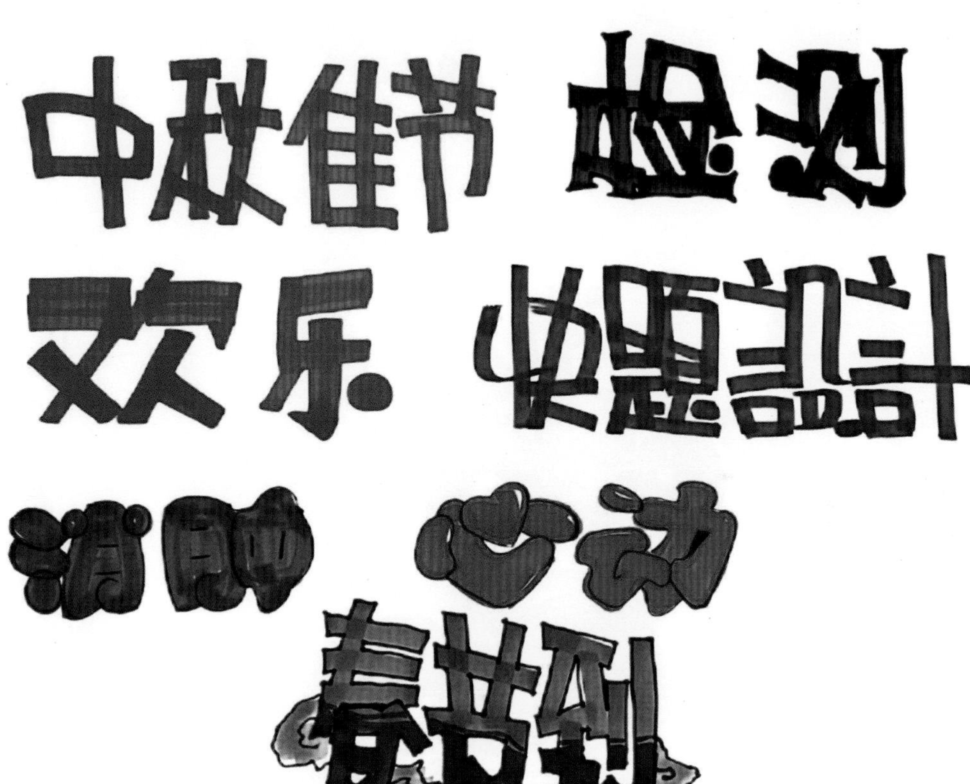

鲜花

9.2 快题案例赏析

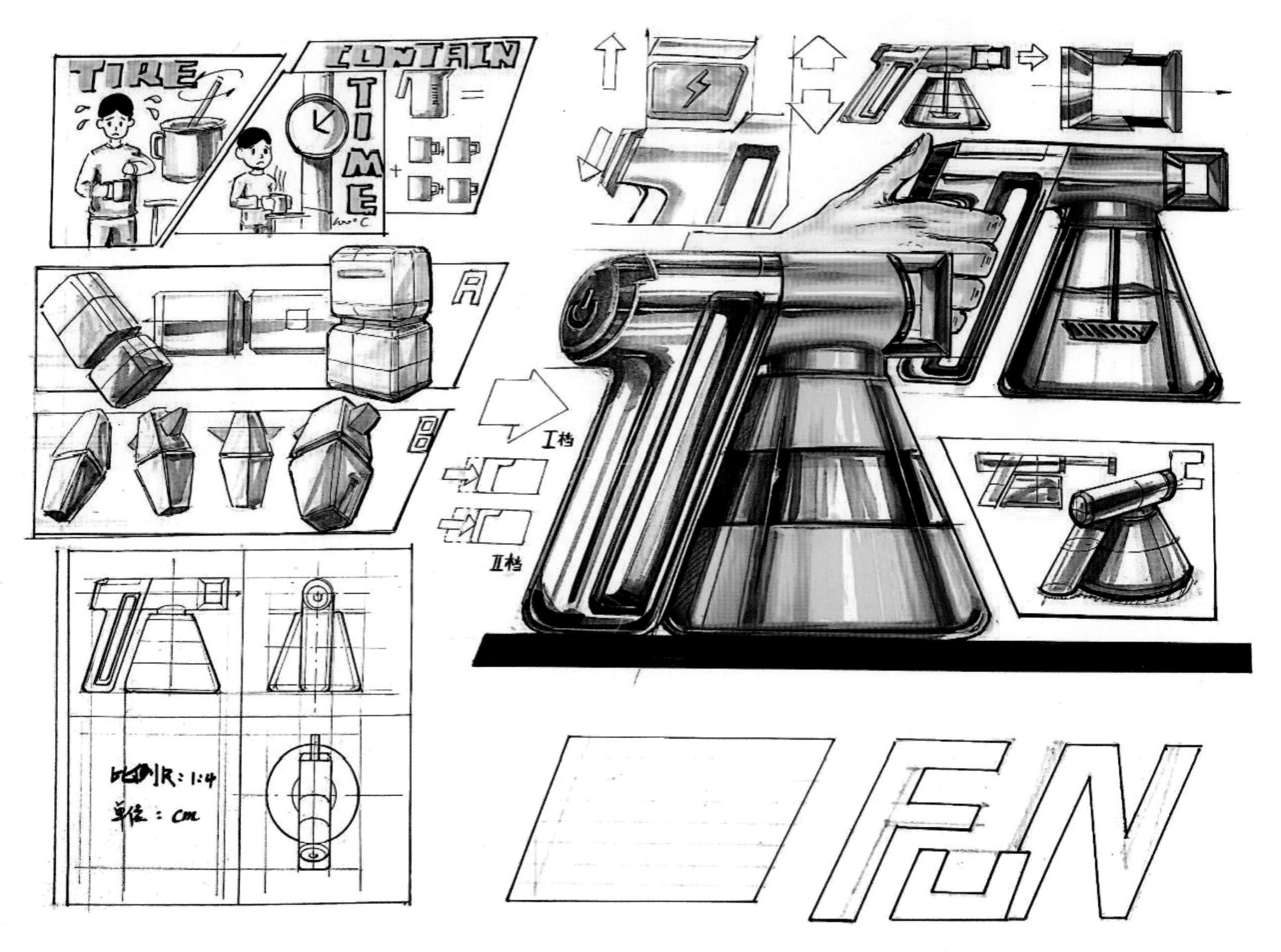

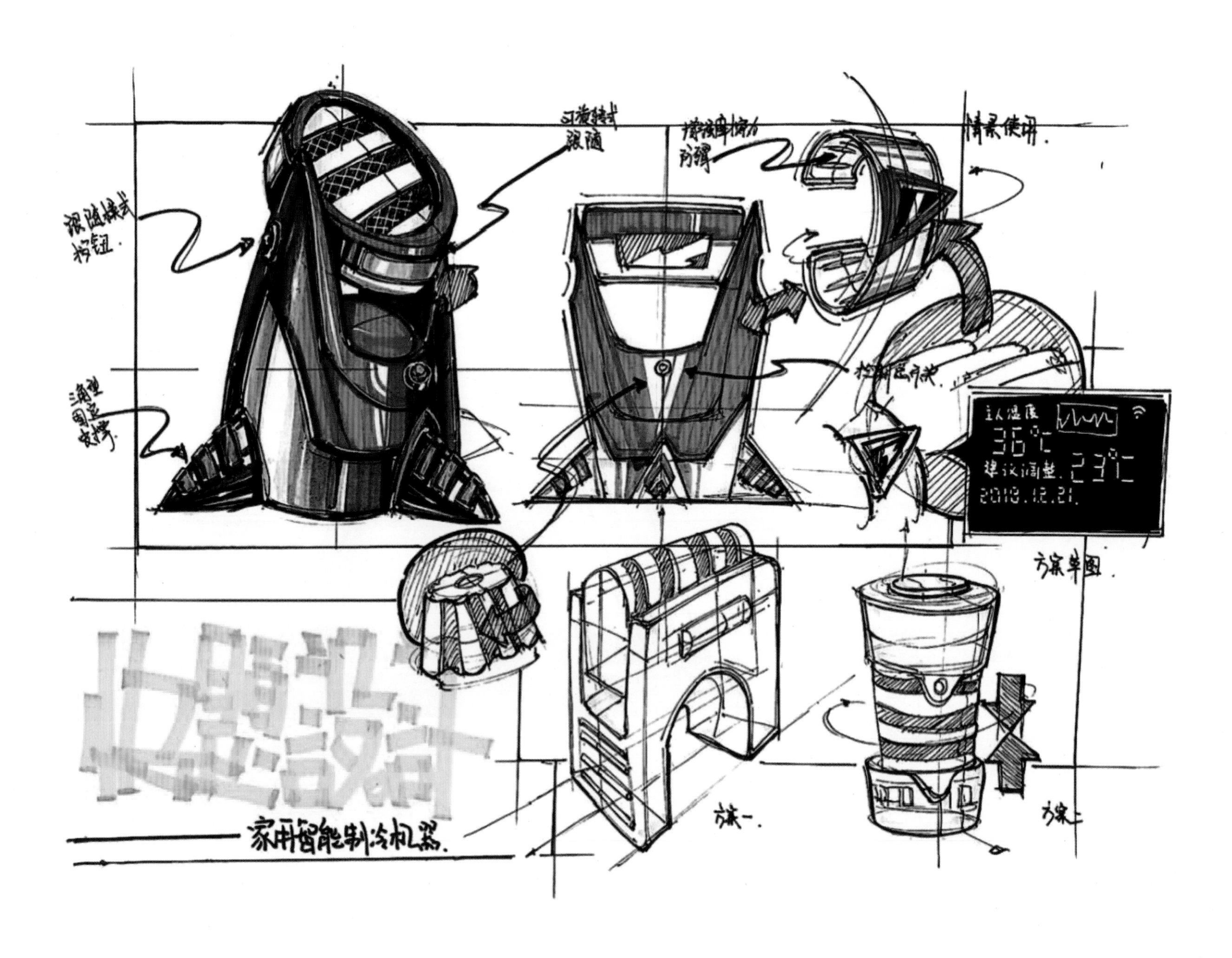

跟随模式按钮.
情景使用.
主人温度
36°C
建议调整 23°C
2018.12.21.
方案草图.
主题设计
家用智能制冷机器.
方案一.
方案二

CMF
SKETCH
推演草图
三视图

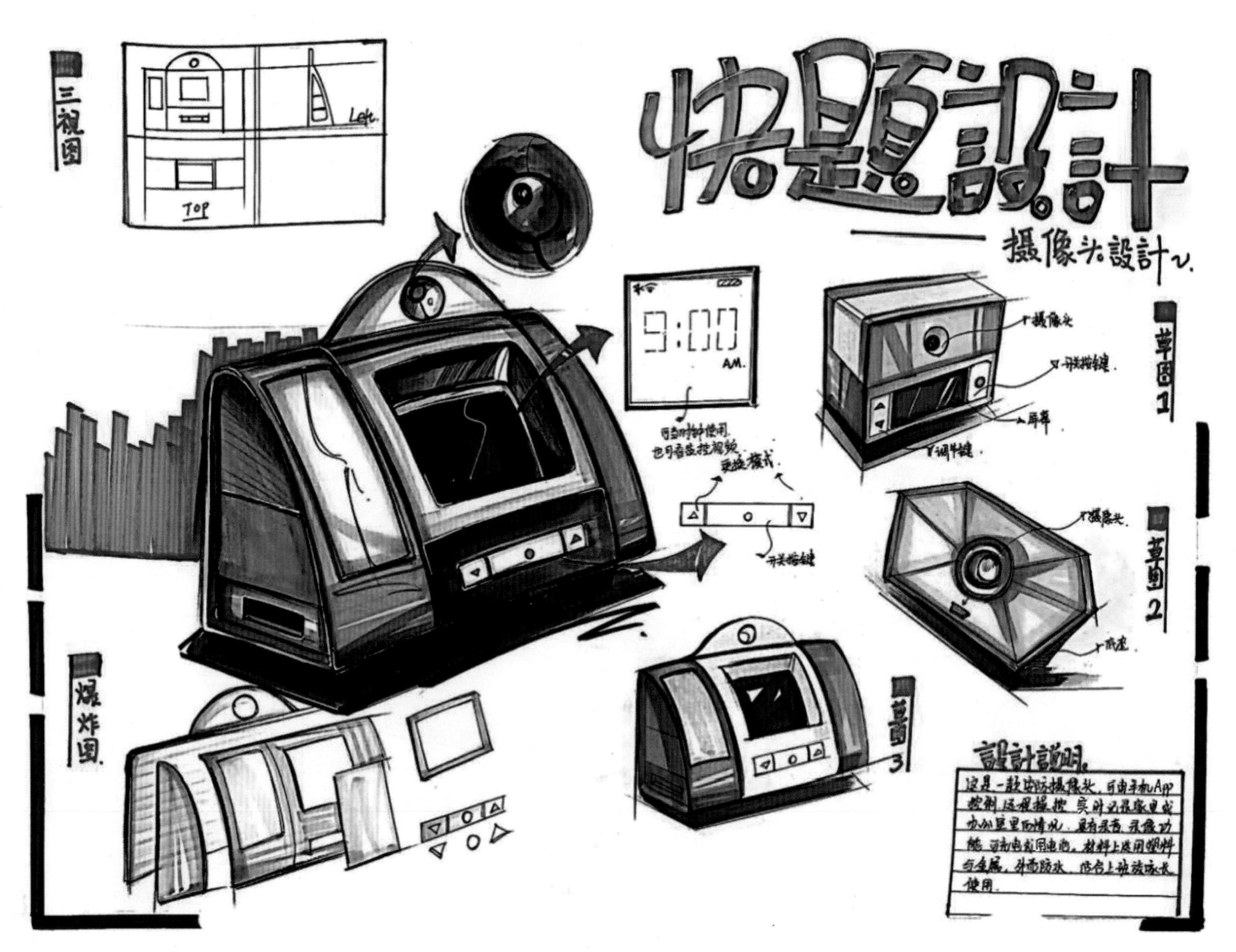
三视图
Left.
TOP
快题設計
摄像头設計2.
9:00
AM.
可当时钟使用，也可当监控视频
更换模式
开关按键
草图1
摄像头
开关按键
屏幕
调节键
草图2
摄像头
底座
草图3
爆炸图
設計說明。
这是一款安防摄像头，可由手机App
控制，远程操控，实时记录家里或
办公室里面情况，具有录音、录像功
能，可充电或用电池。材料上选用塑料
与金属，外面防水。
使用。

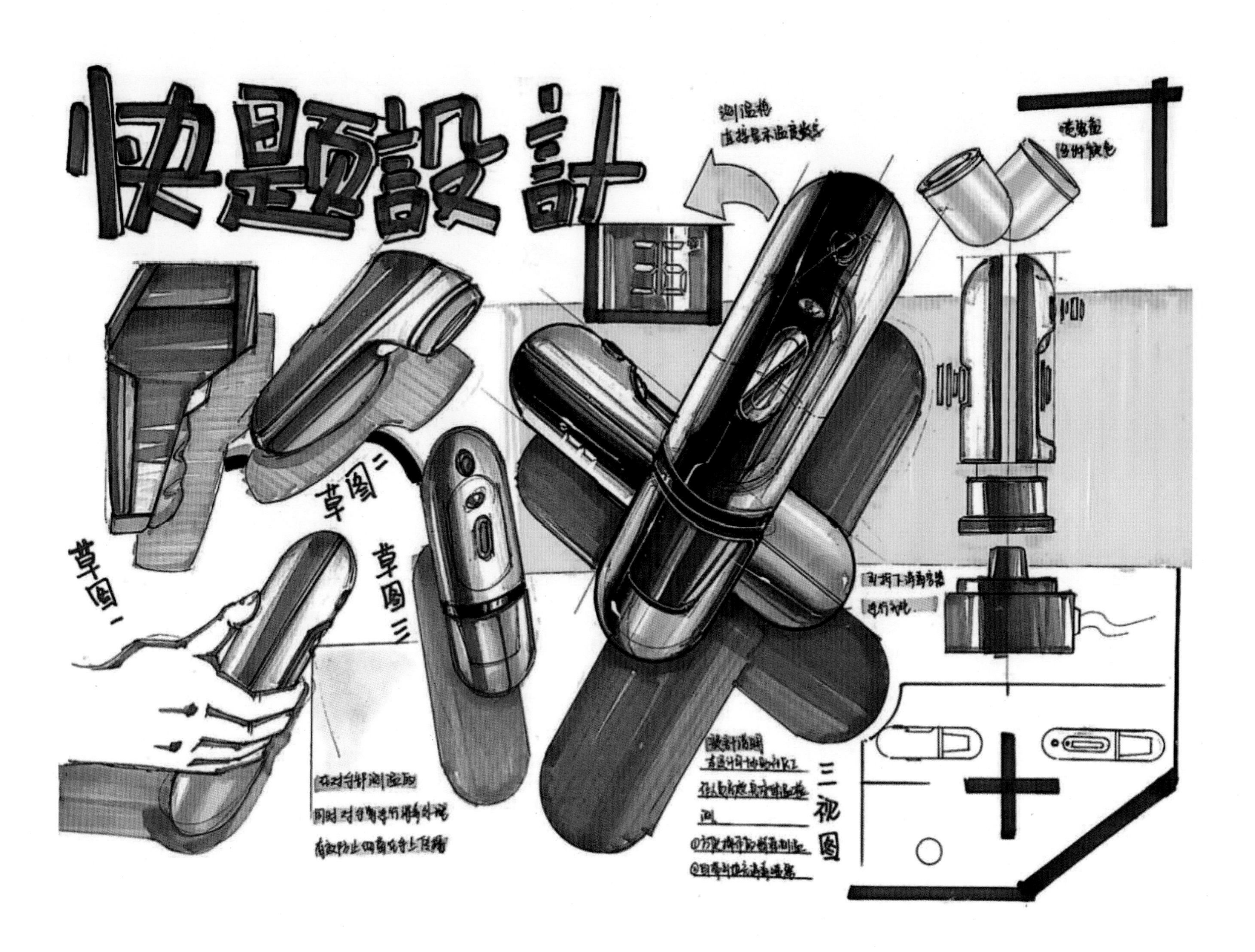
快题設計
草图一
草图二
草图三
三视图

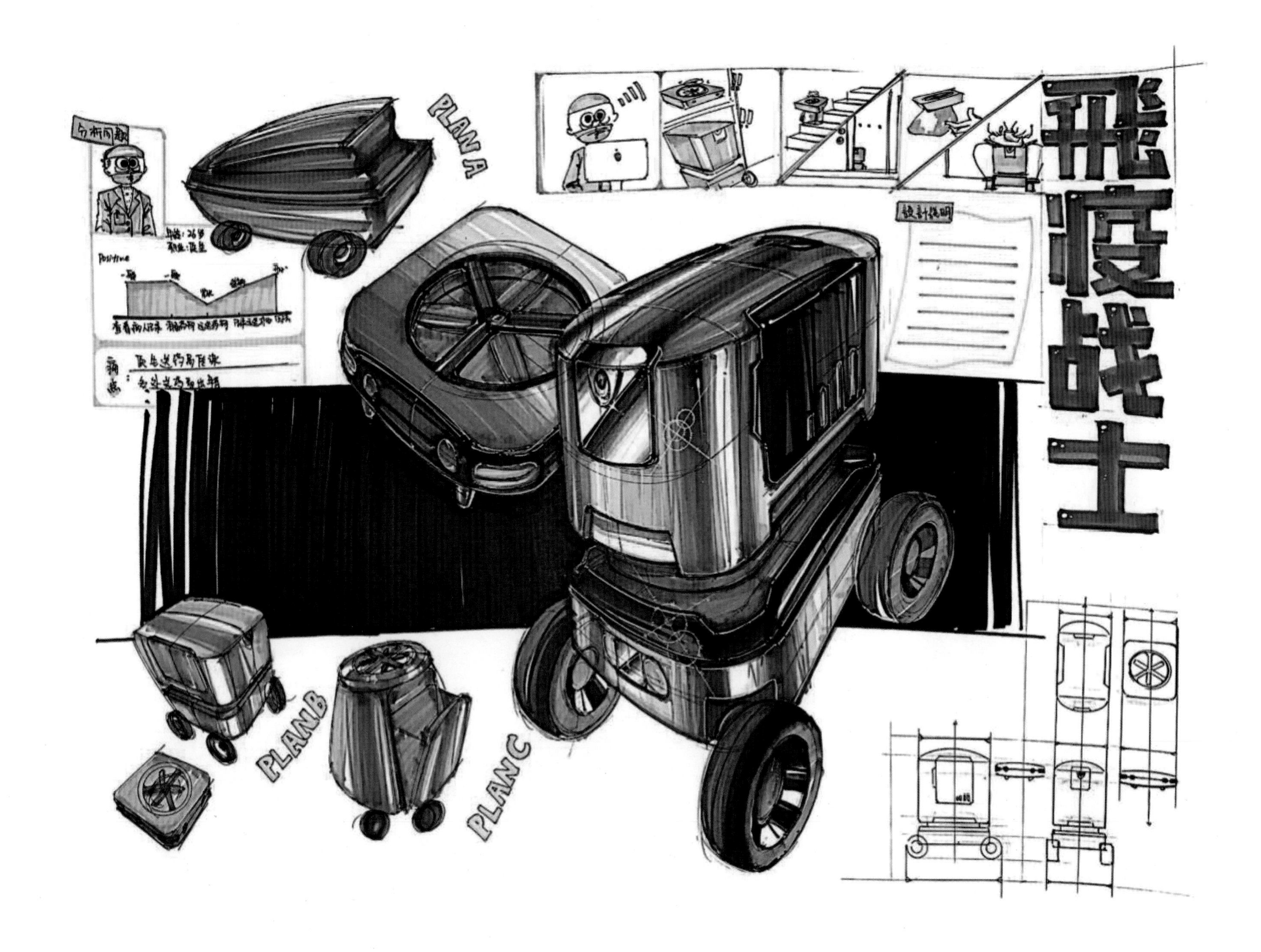
飛疫战士
PLAN A
PLANB
PLANC
分析问题
设计说明

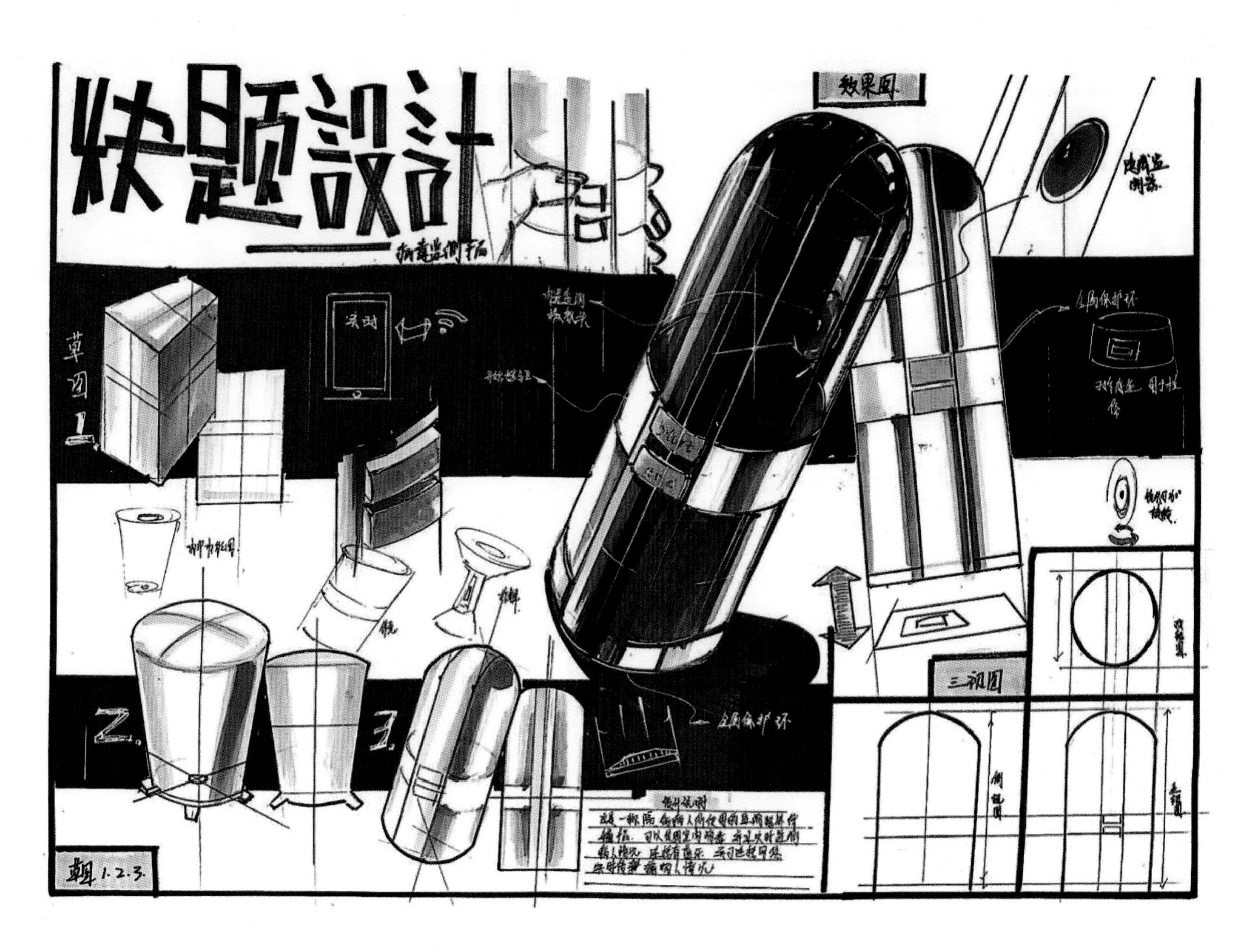
快题設計
效果图
草图
三视图

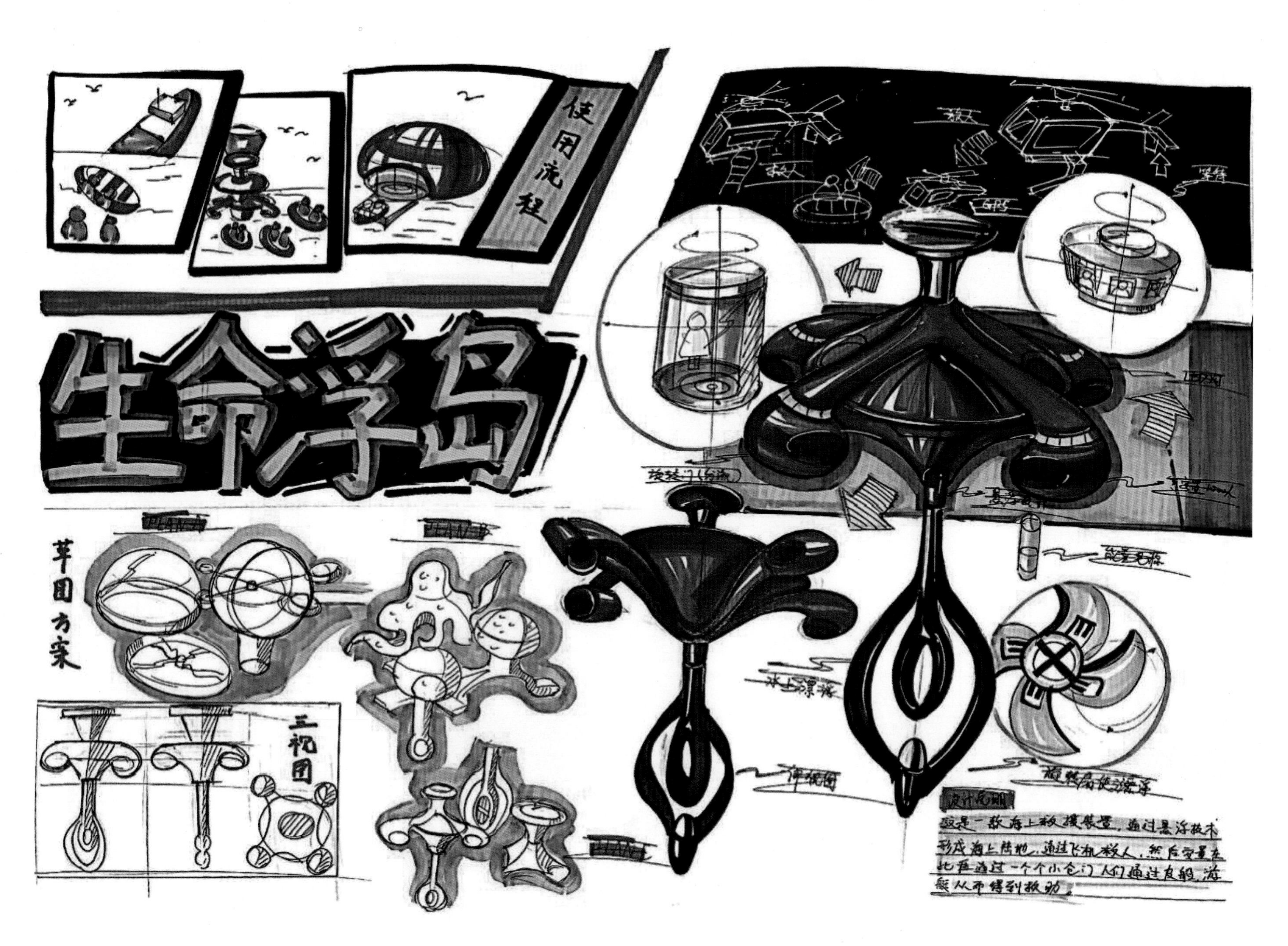
使用流程
生命浮岛
草图方案
三视图
设计说明
这是一款海上救援装置，通过悬浮技术形成海上陆地，通过飞机救人，然后安置在此处通过一个个小仓门人们通过皮艇，海艇从而得到救助。

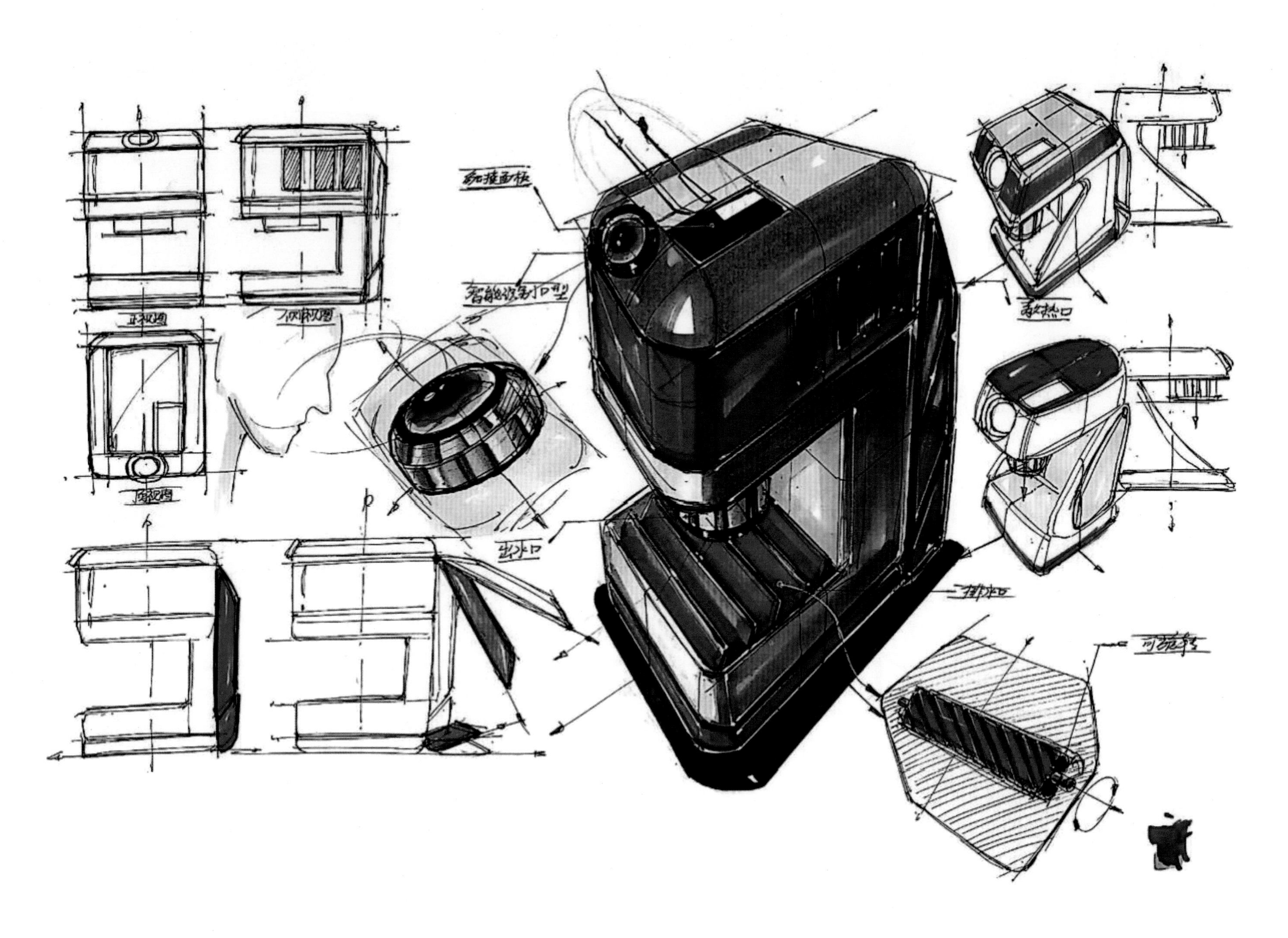
正视图
侧视图
顶视图
出水口
散热口
排水口
可旋转

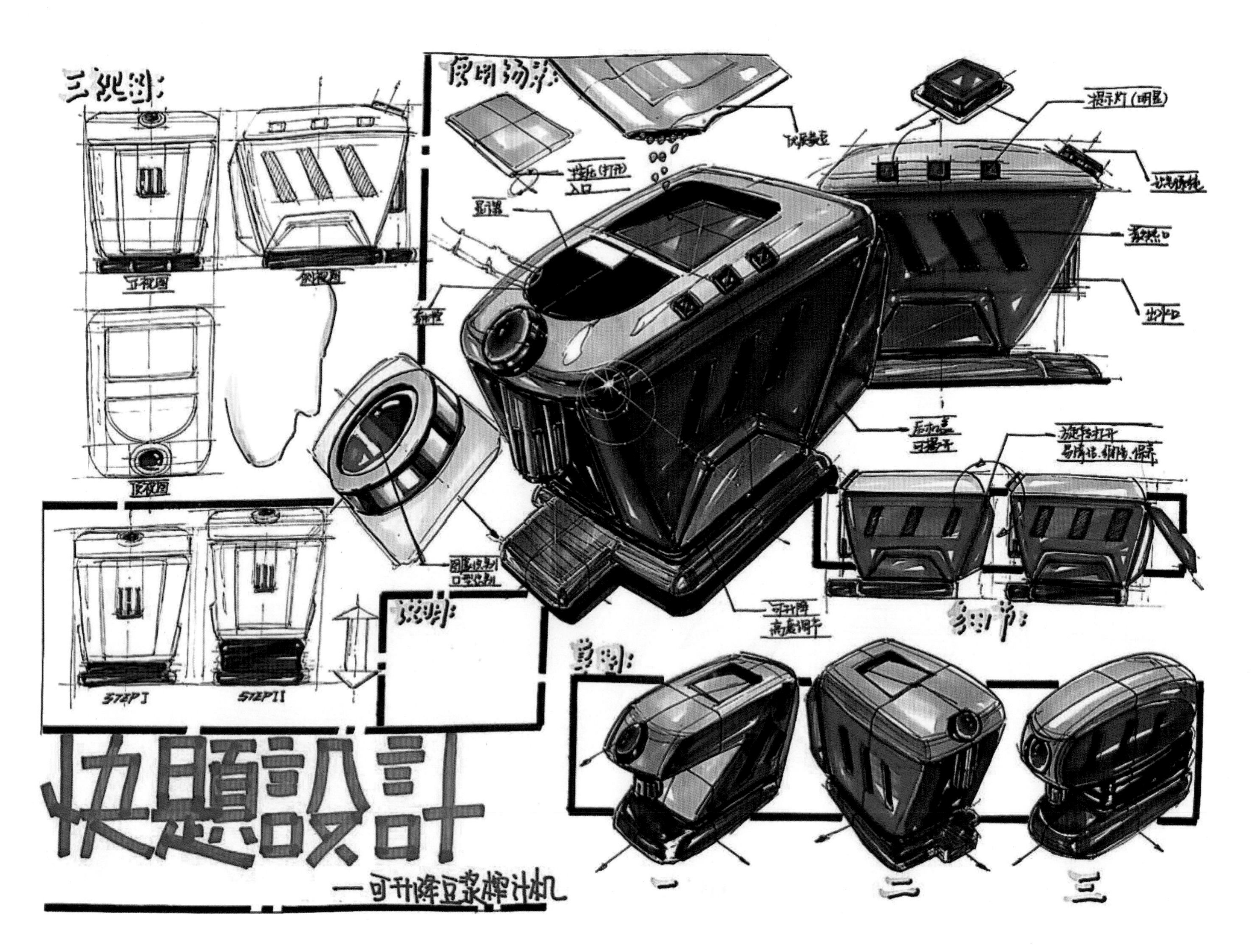
三视图:
正视图
侧视图
顶视图
STEP I
STEP II
提示灯(明显)
散热口
出水口
后机盖
可打开
旋转打开
易清洗、储存、保养
可升降
高度调节
细节:
快题設計
一可升降豆浆榨汁机
一
二
三

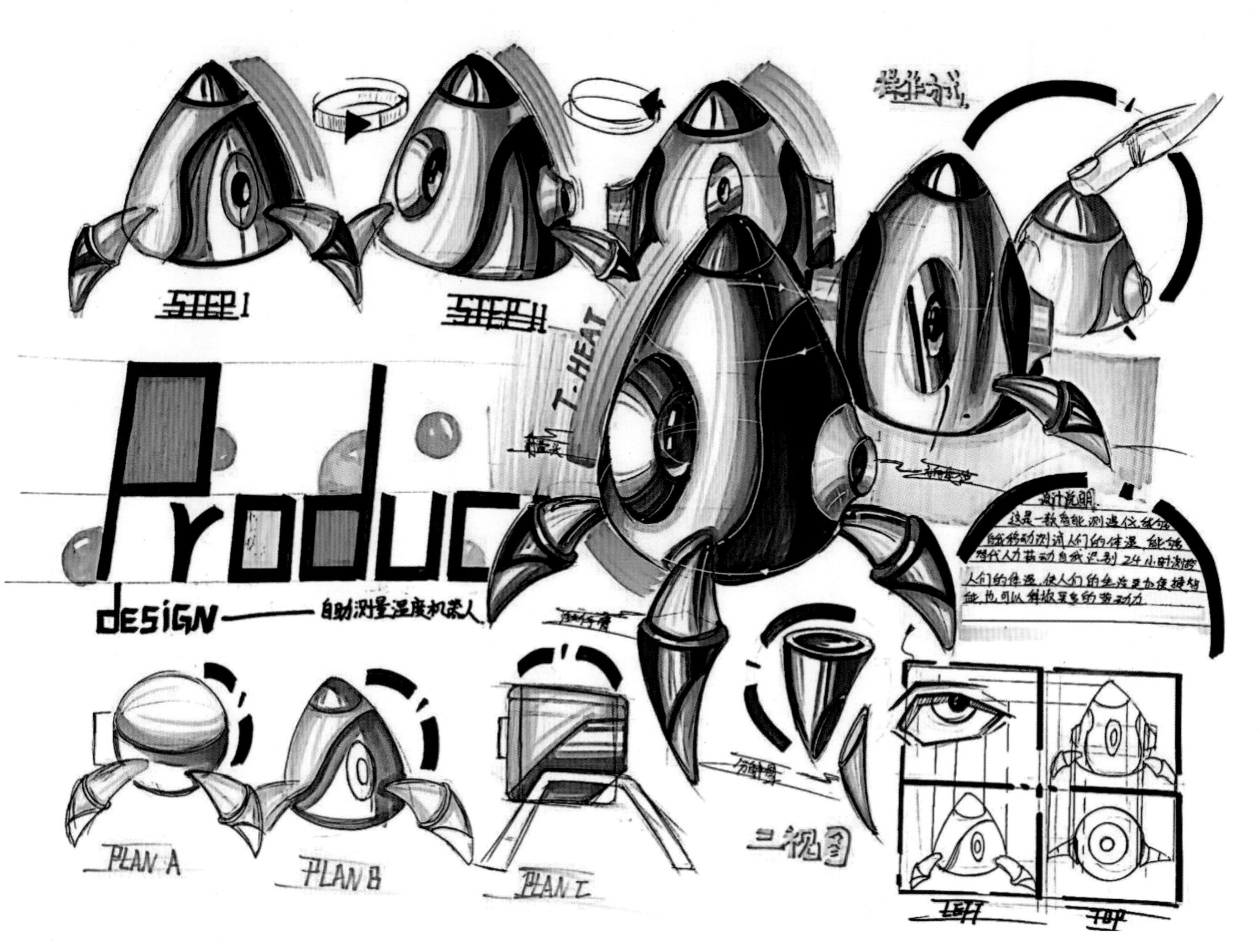

STEP I
STEP II
T-HEAT
Produc
dESIGN——自动测量温度机器人
设计说明
这是一款智能测温仪，能够
自我移动测试人们的体温，能够
替代人力劳动自我识别24小时测控
人们的体温，使人们的生活更加便捷智
能，也可以解放更多的劳动力
PLAN A
PLAN B
PLAN C
三视图
LEFT
TOP

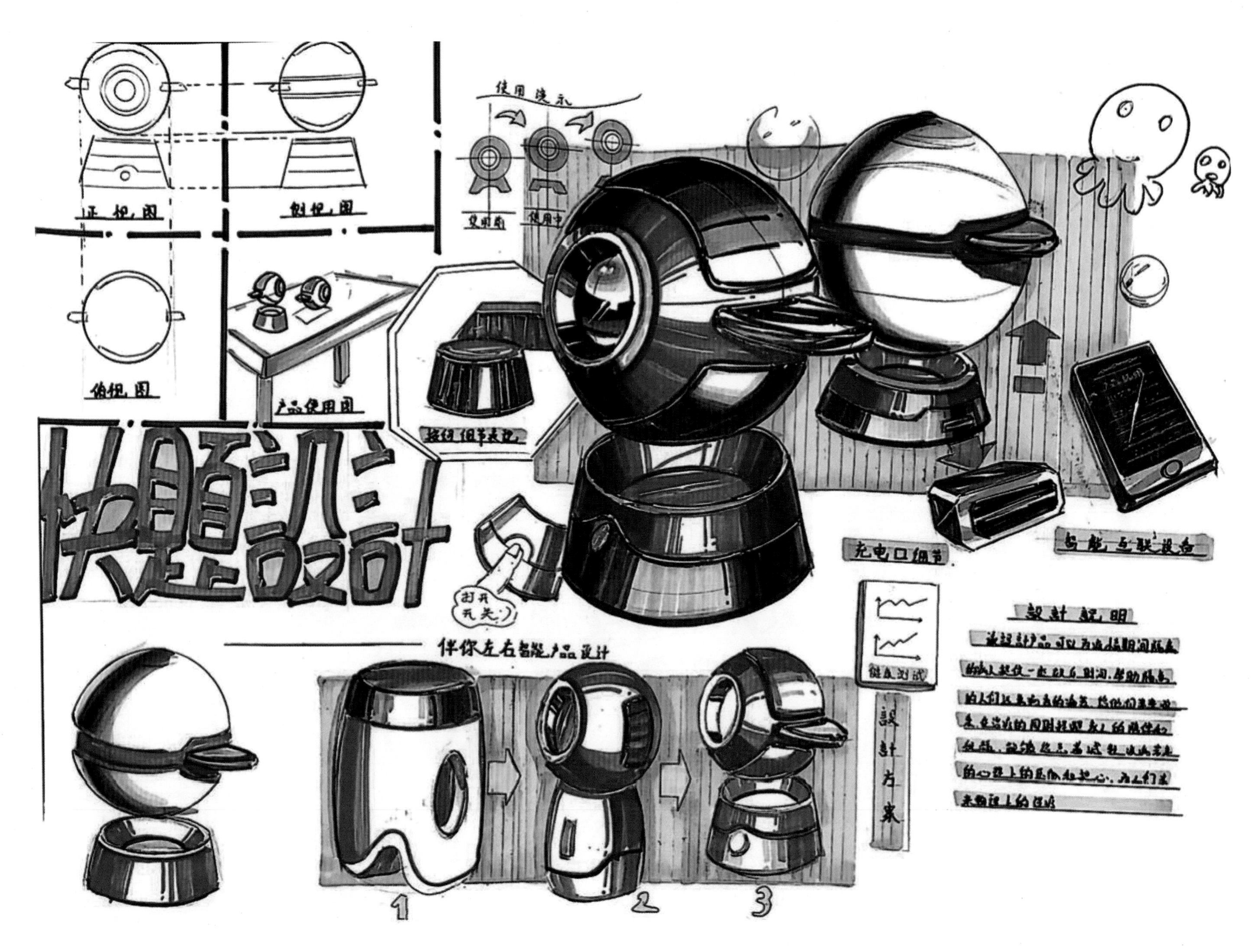
正视图
侧视图
俯视图
产品使用图
使用演示
使用中
按钮细节表现
快题设计
打开开关
伴你左右智能产品设计
充电口细节
智能互联设备
健康测试
设计方案
设计说明
1
2
3

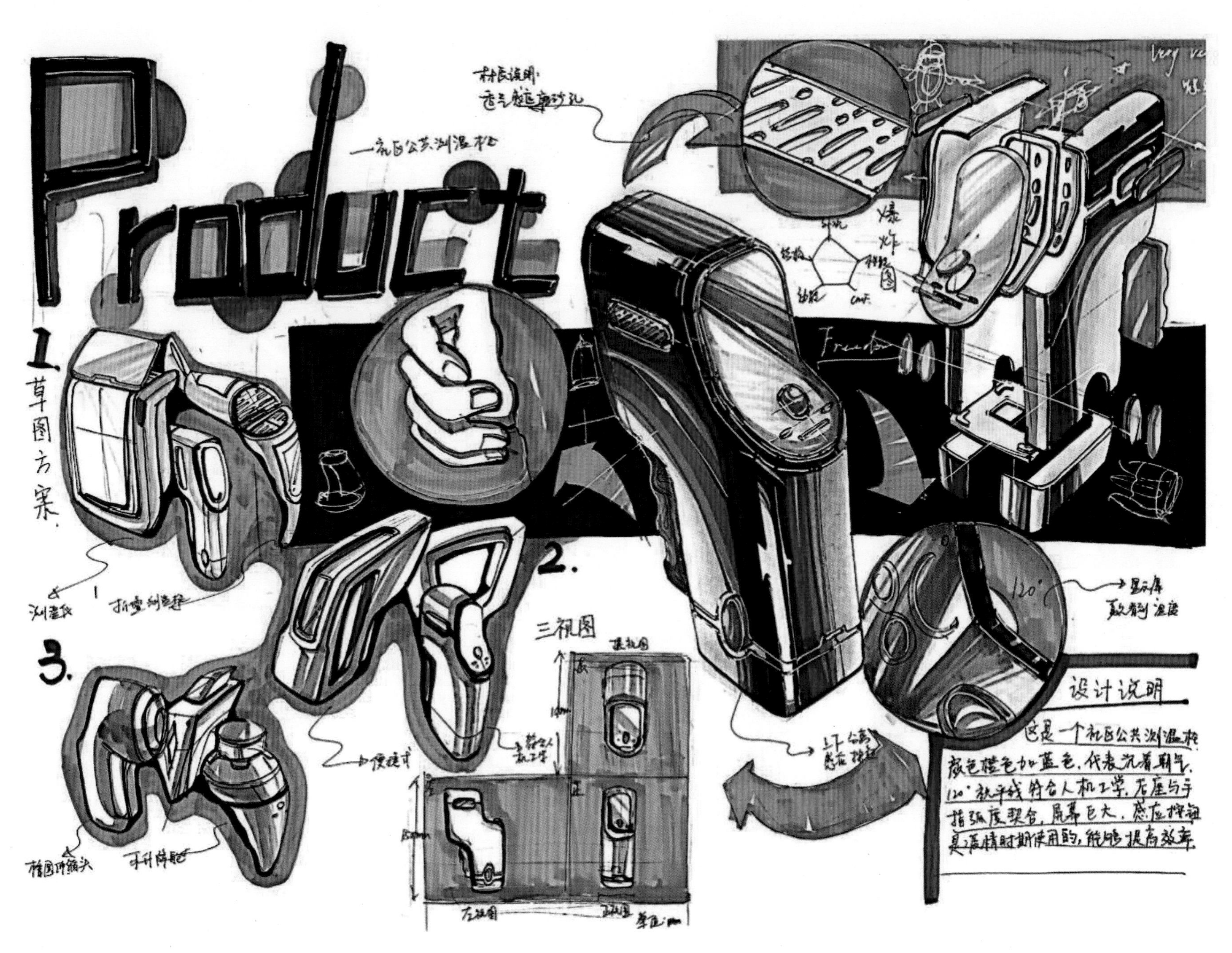
Product
一社区公共测温枪
1. 草图方案
2.
3.
三视图
设计说明
这是一个社区公共测温枪
颜色橙色加蓝色，代表沉着朝气。
120°执手线符合人机工学，底座与手
指弧度契合，屏幕巨大，感应按钮
是疫情时期使用的，能够提高效率。

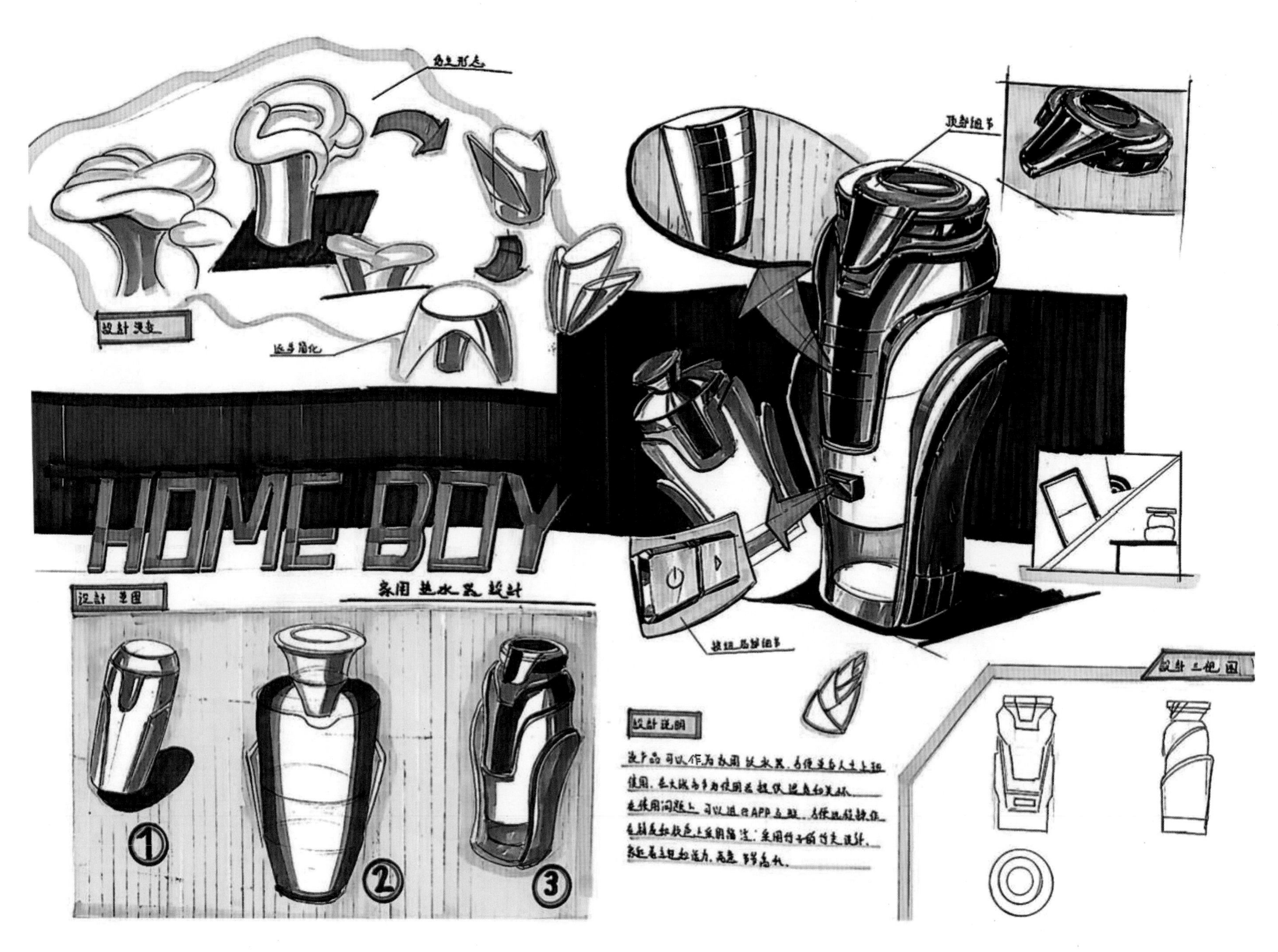

设计演变
顶部细节
HOME BOY
设计草图
家用热水器设计
设计说明
设计三视图
①
②
③

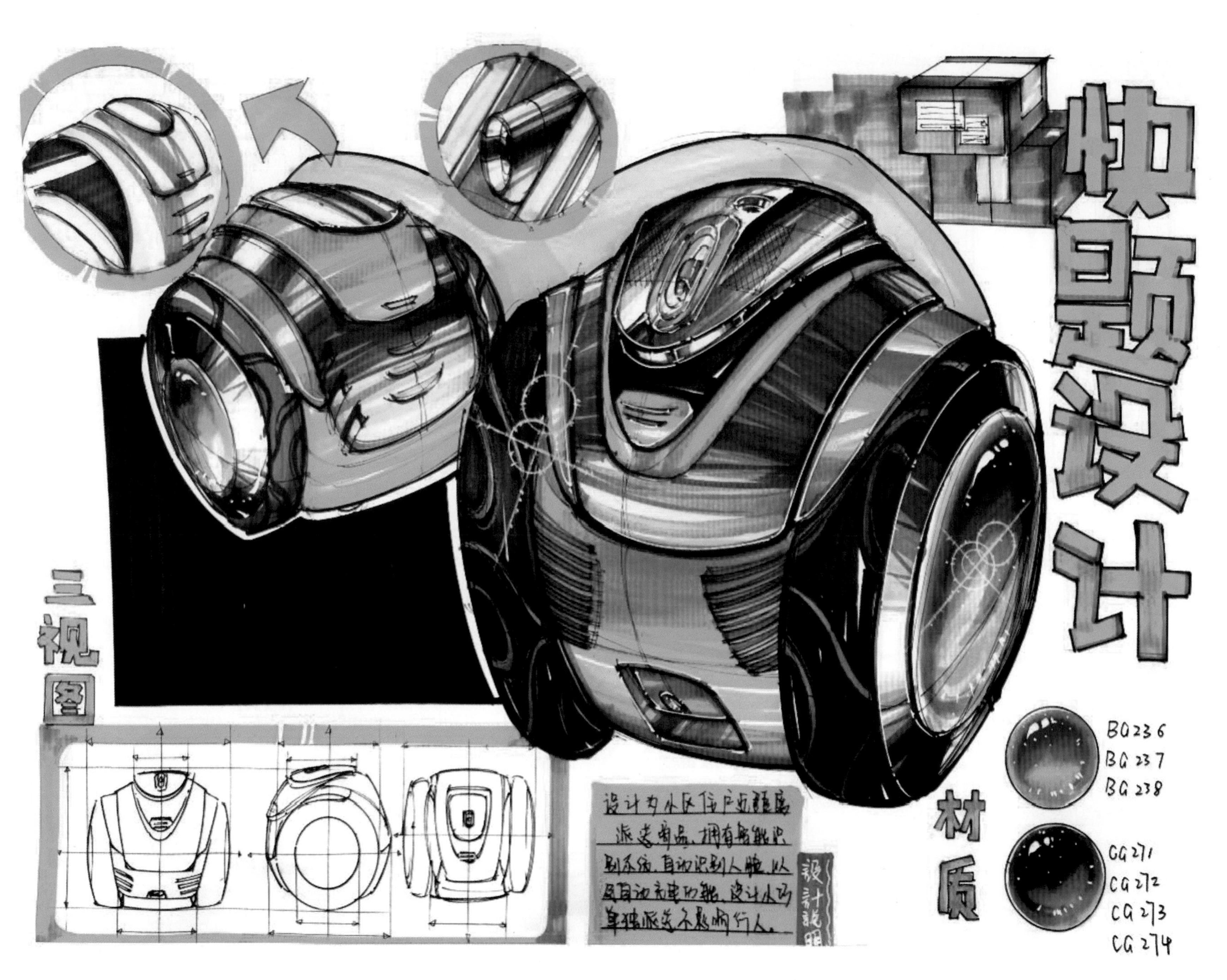
快题设计
三视图
设计为小区住户近距离
派送用品，拥有智能识
别系统，自动识别人脸，以
及自动充电功能，设计小巧
单独派送不影响行人。
设计说明
材质
BG236
BG237
BG238
CG271
CG272
CG273
CG274

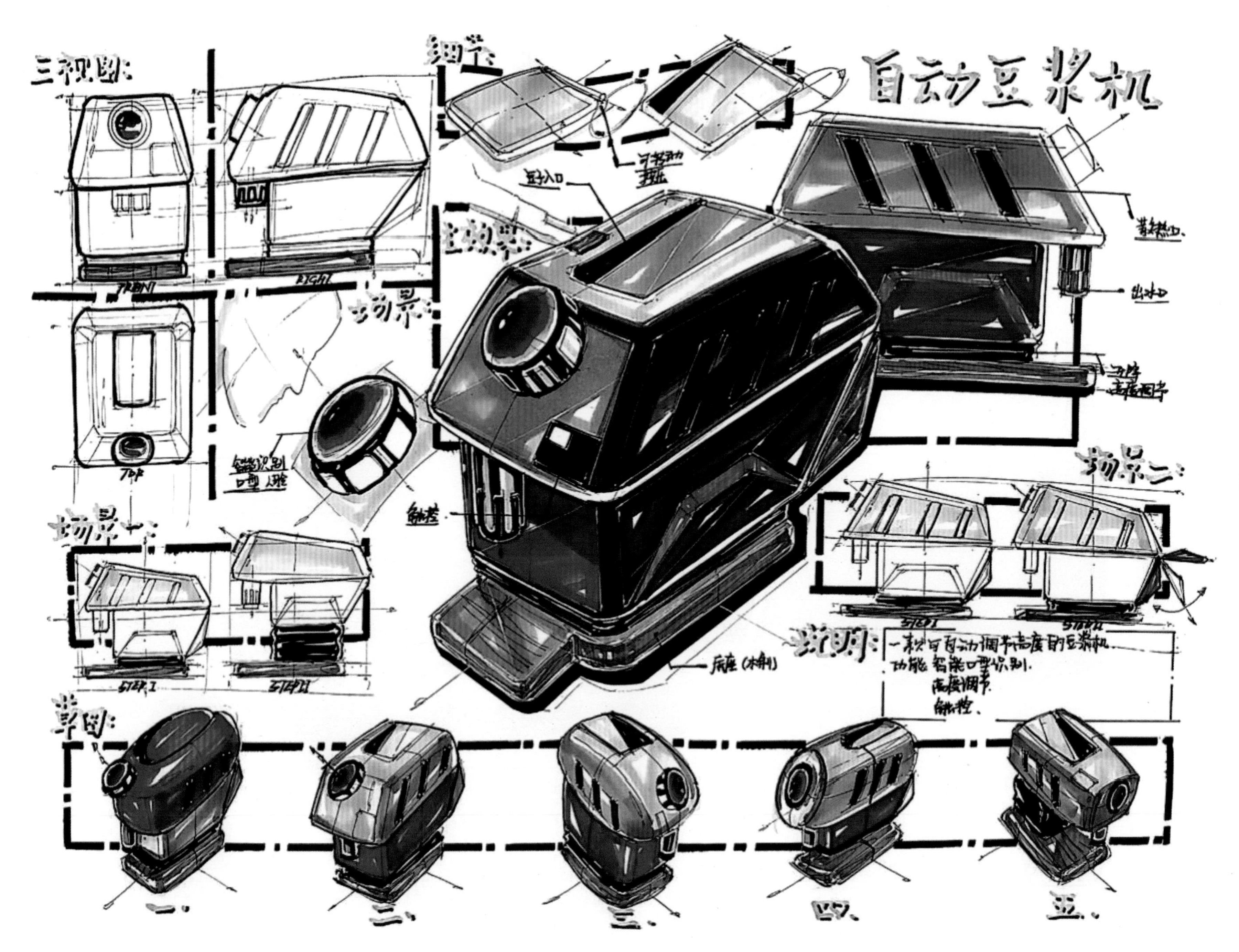

三视图:
FRONT
RIGHT
TOP
细节:
自动豆浆机
豆子入口
主效果:
场景一:
场景二:
场景:
触控
底座(木制)
出水口
说明:
一款可自动调节高度的豆浆机.
功能:智能口型识别.
高度调节.
触控.
STEP I
STEP II
草图:
一.
二.
三.
四.
五.

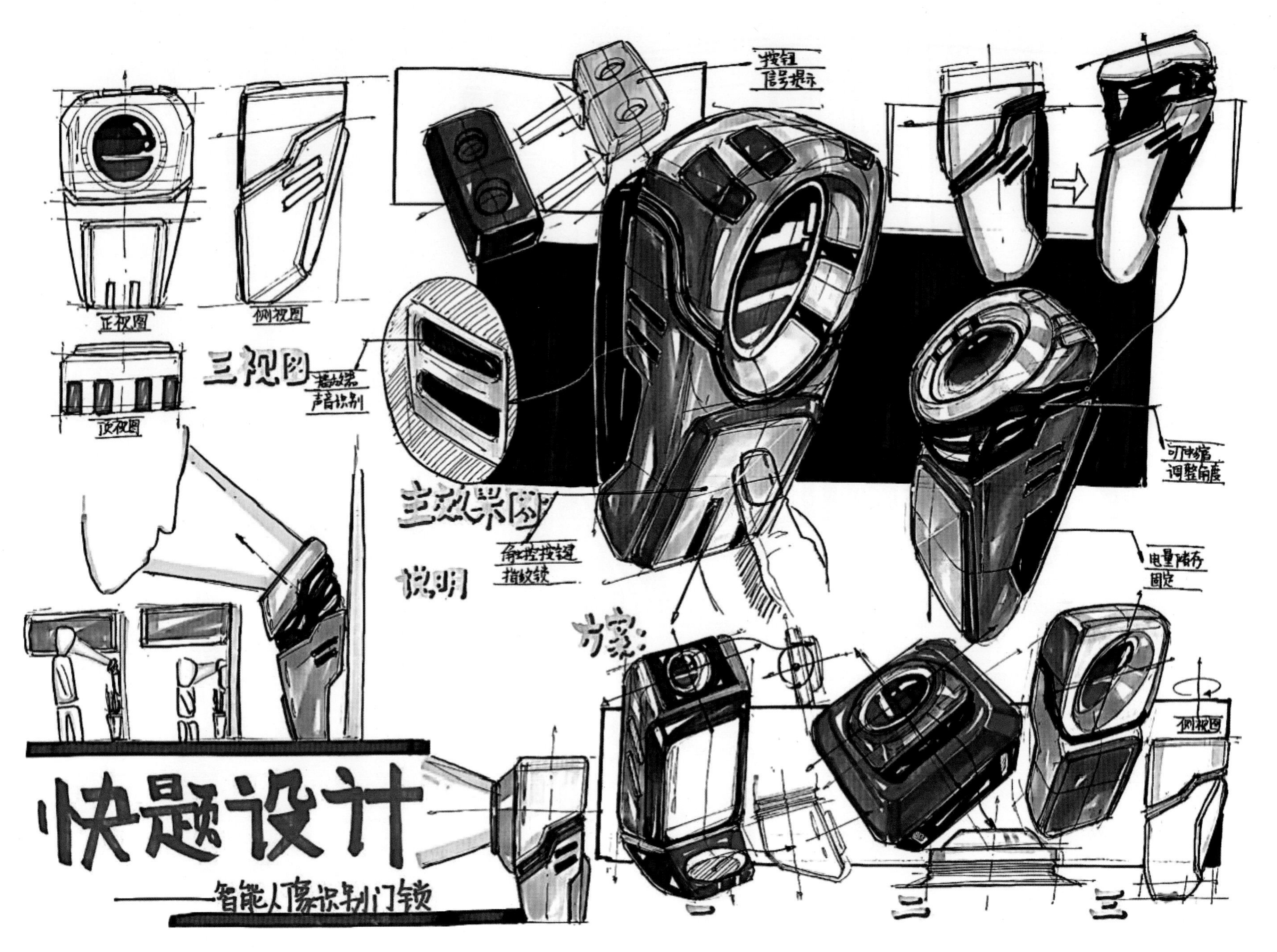
快题设计
智能人像识别门锁
三视图
正视图
侧视图
顶视图
主效果图
说明
方案：
侧视图

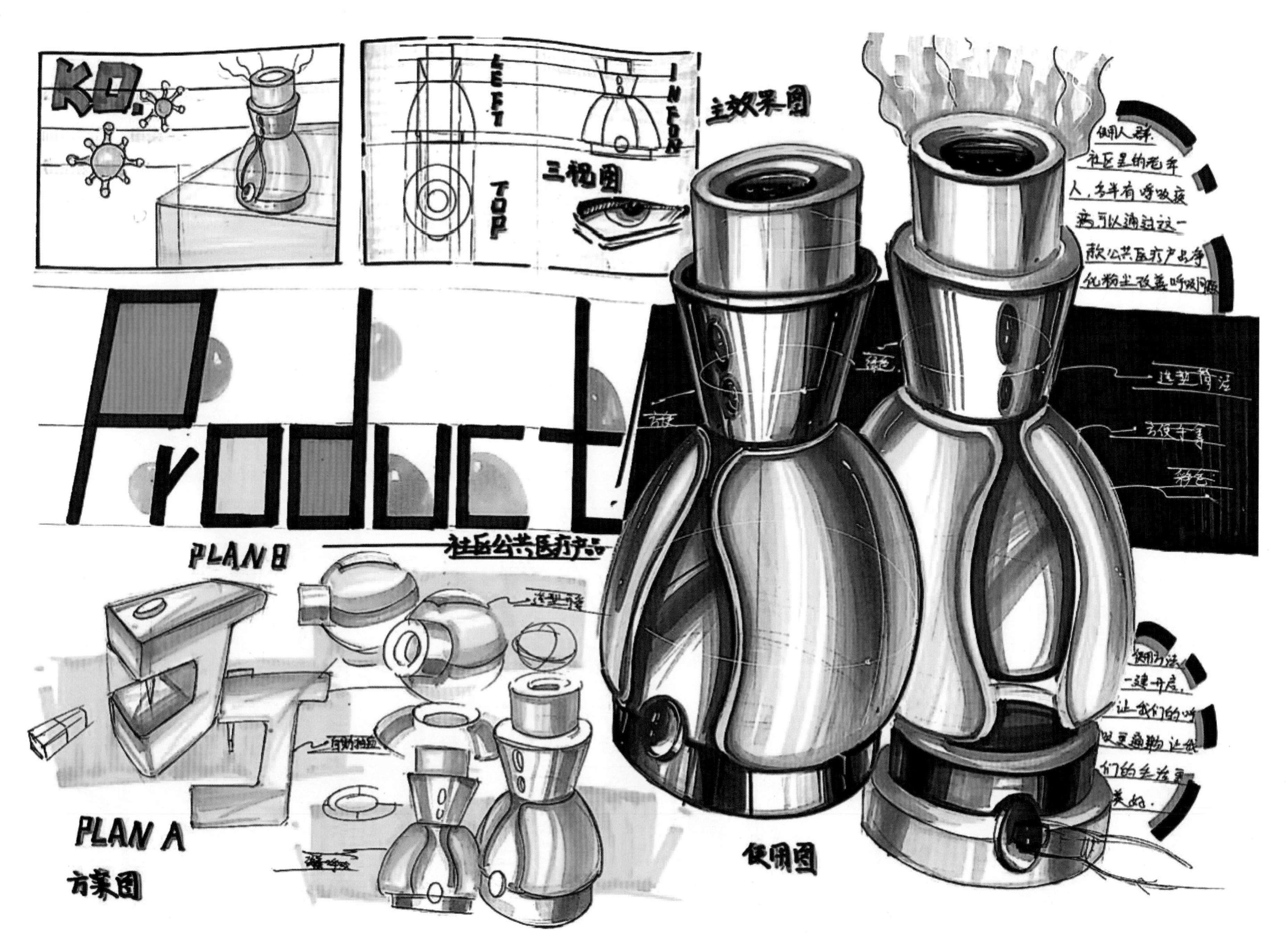

KO.
LEFT
TOP
三视图
主效果图
Product
社区公共医疗产品
PLAN B
PLAN A
方案图
使用图

儿童玩具收纳箱的设计
配色方案 紫色 蓝色 灰色 黄色
适用于3-12岁儿童
材质使用的是金属 塑料和玻璃组成
Hi
儿童玩具收纳箱
Hi
Sketch①
Sketch②
Sketch③
说明5
说明1
说明2
说明3
说明4
开关①
时间显示③
温度显示④
8:00
三视图
侧
正
俯

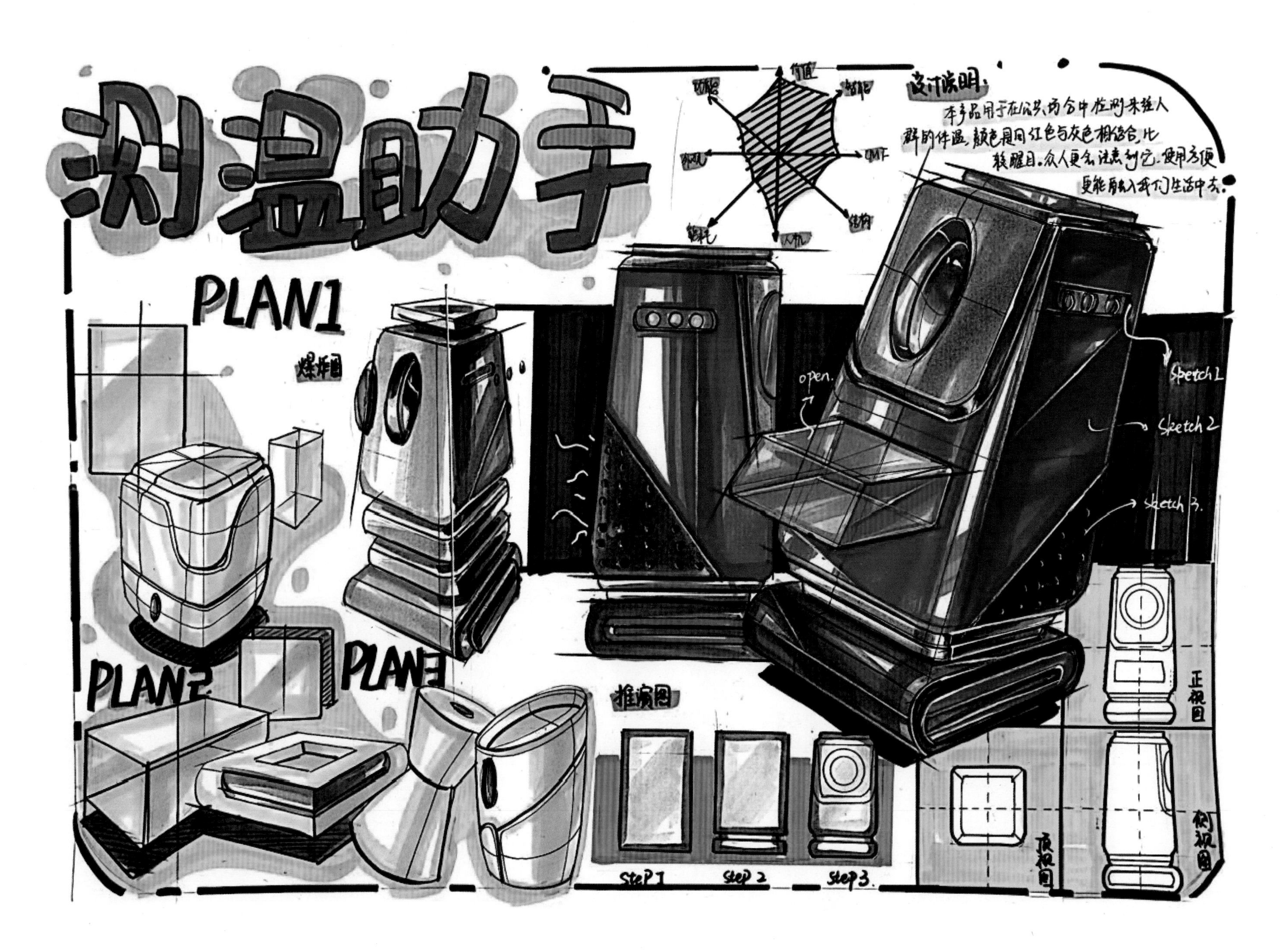
测温助手
价值
智能
CMF
结构
人机
能耗
外观
功能
设计说明：
本产品用于在公共场合中检测来往人群的体温，颜色是用红色与灰色相结合，比较醒目。众人更会注意到它。使用方便更能融入我们生活中去。
PLAN1
爆炸图
PLAN2
PLAN3
open.
Sketch 1
Sketch 2
sketch 3.
推演图
Step 1
Step 2
Step 3
正视图
顶视图
侧视图

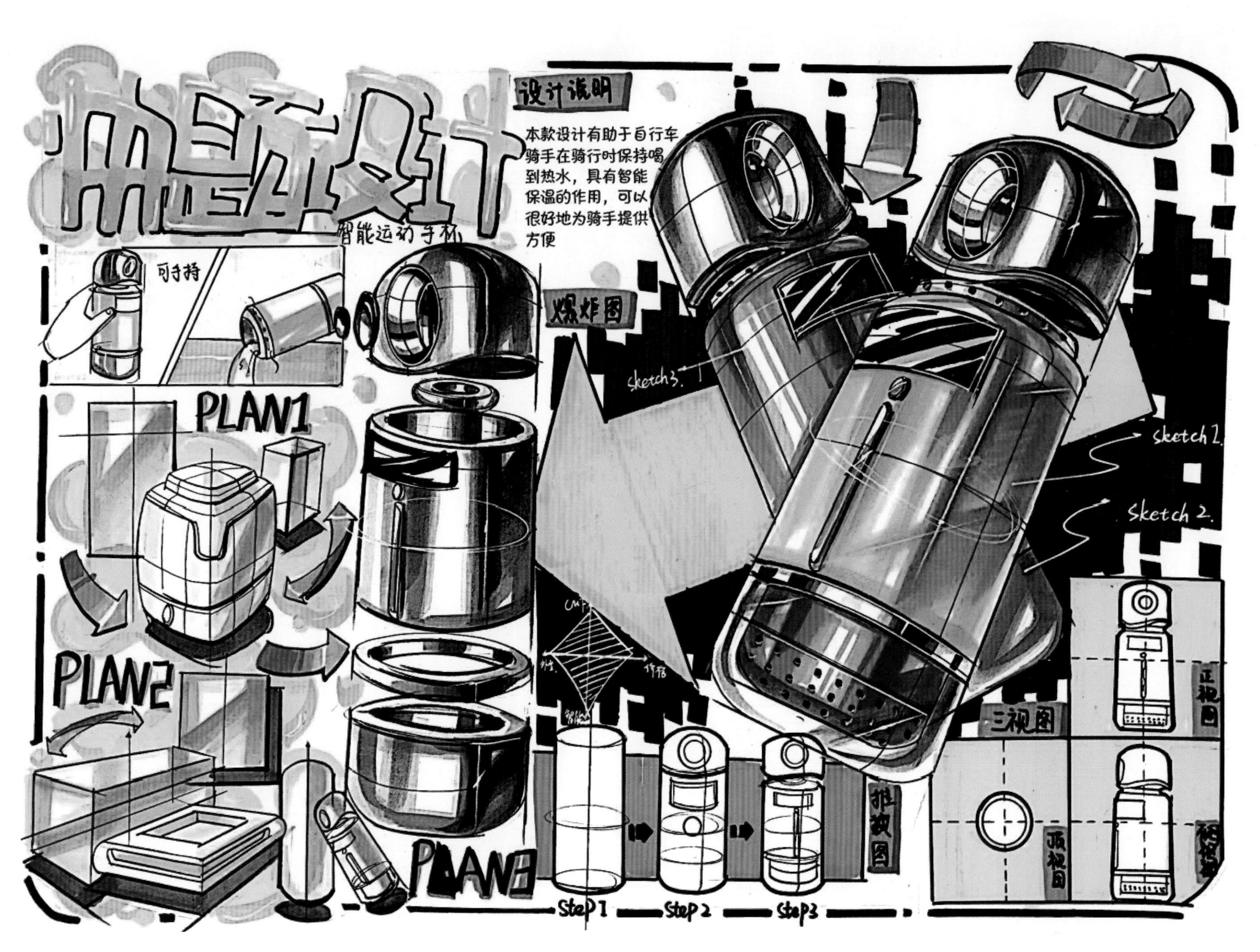
设计说明
本款设计有助于自行车骑手在骑行时保持喝到热水，具有智能保温的作用，可以很好地为骑手提供方便
智能运动手杯
可手持
爆炸图
PLAN1
PLAN2
PLAN3
sketch3.
sketch2.
Sketch 2.
三视图
正视图
顶视图
step1
step2
step3

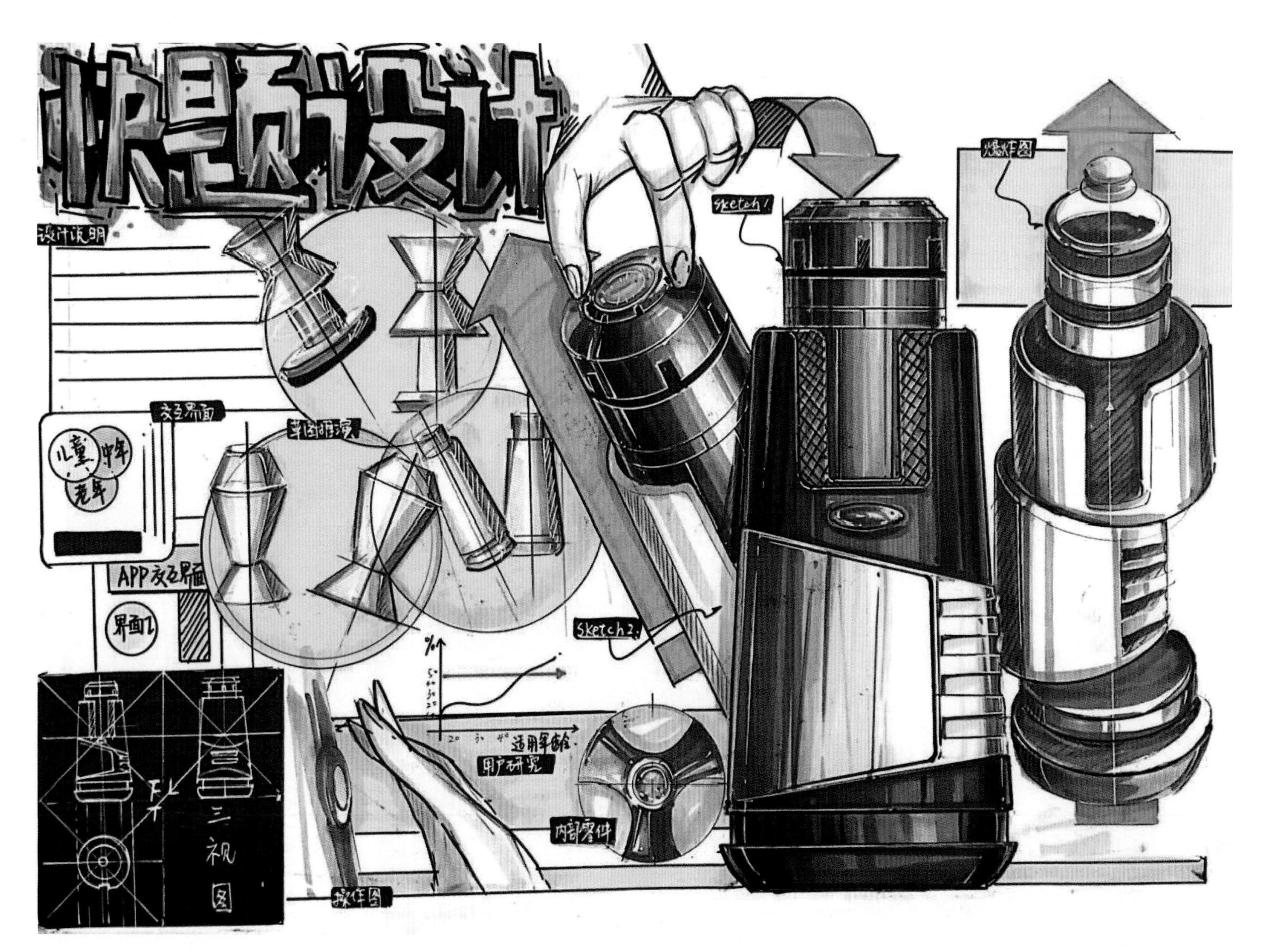

快题设计
设计说明
交互界面
儿童
中年
老年
APP交互界面
界面2
三视图
操作图
%
适用年龄
用户研究
内部零件
Sketch1
Sketch2
爆炸图

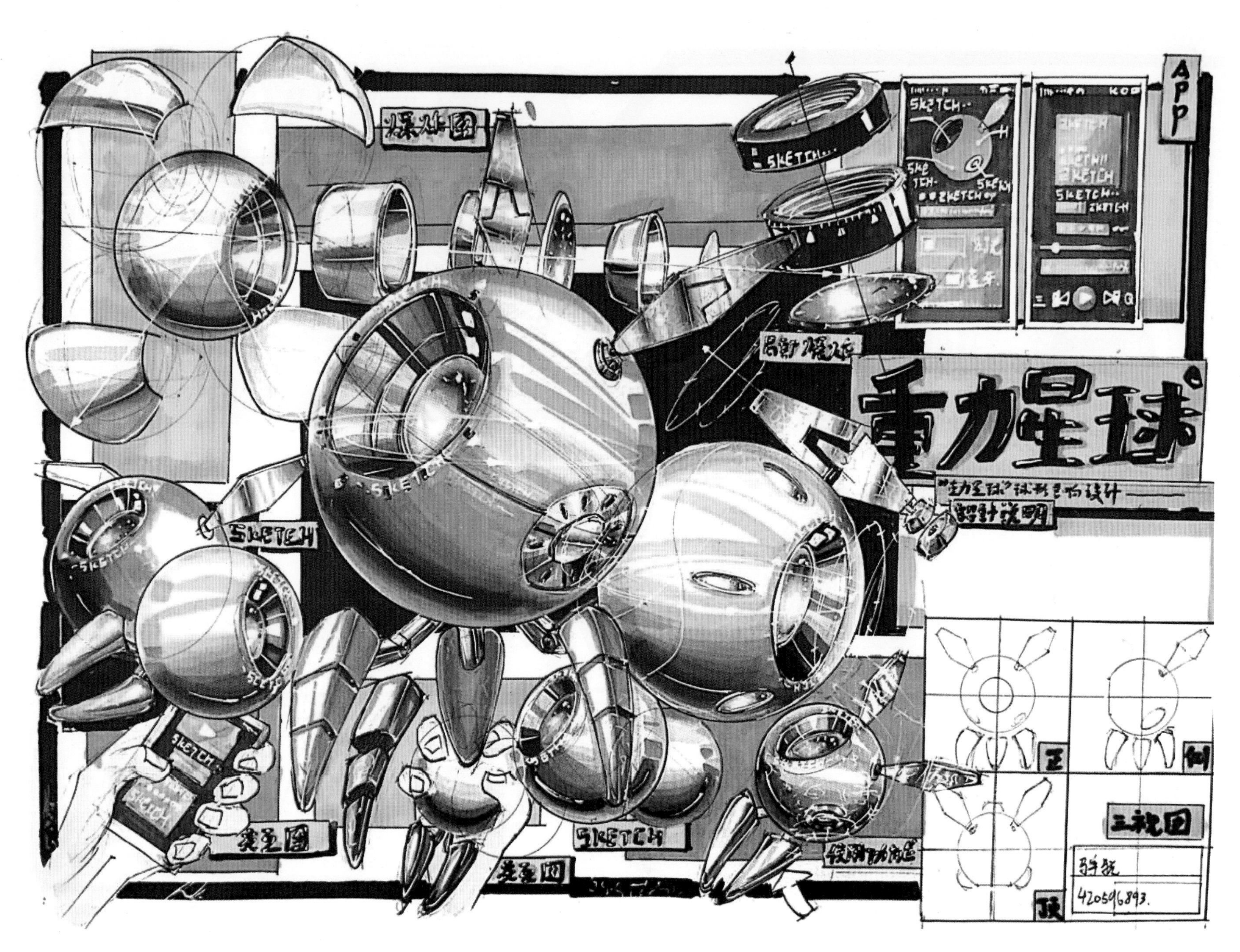
APP
重力星球
设计说明
SKETCH
三视图
正
侧
顶

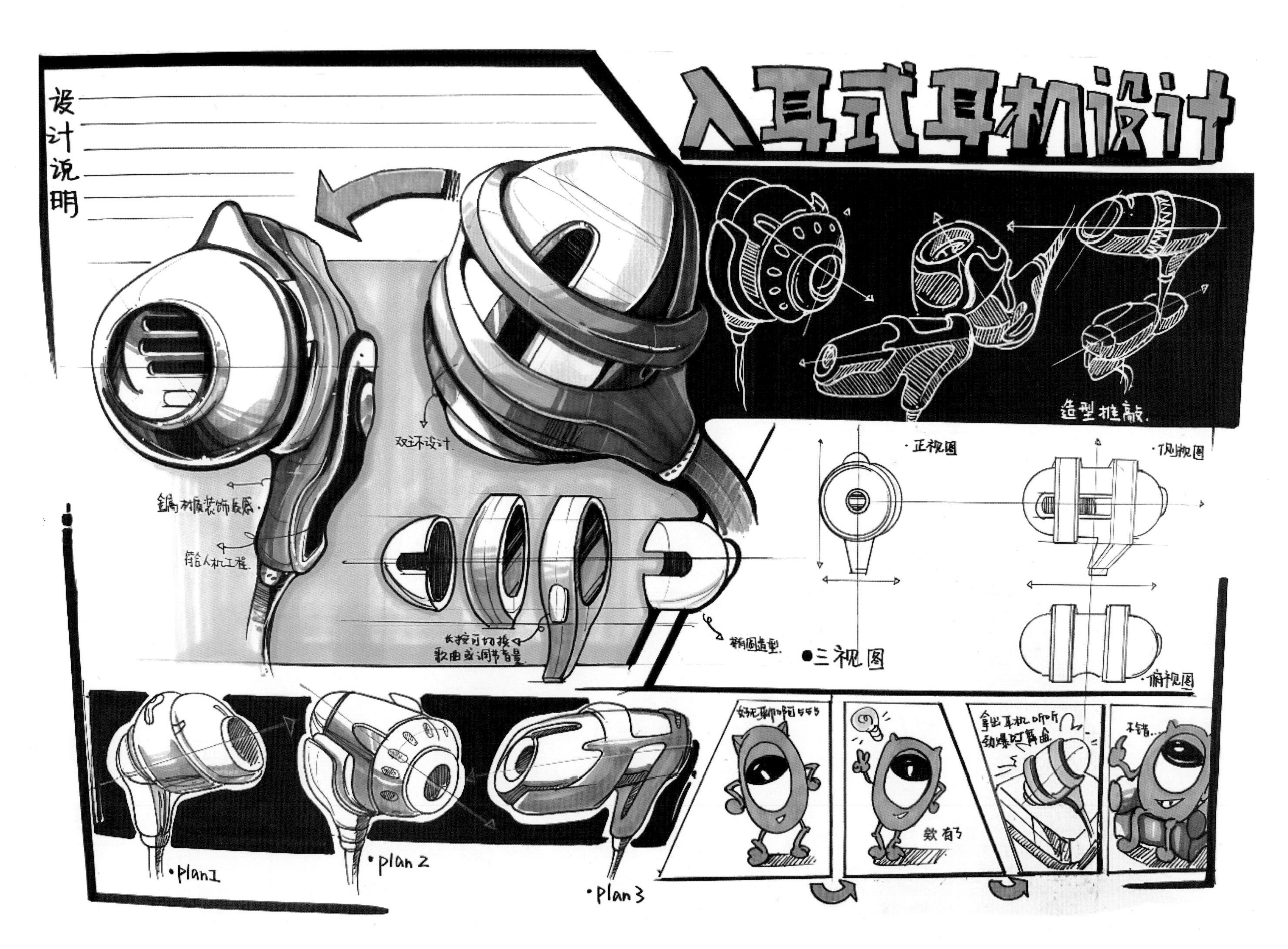
入耳式耳机设计
设计说明
造型推敲.
双环设计.
铝材质装饰质感.
符合人机工程.
长按可切换
歌曲或调节音量.
椭圆造型.
·正视图
·侧视图
·俯视图
●三视图
·plan1
·plan2
·plan3
好无聊啊555
款有了
拿出耳机听听
劲爆的舞曲.
不错...

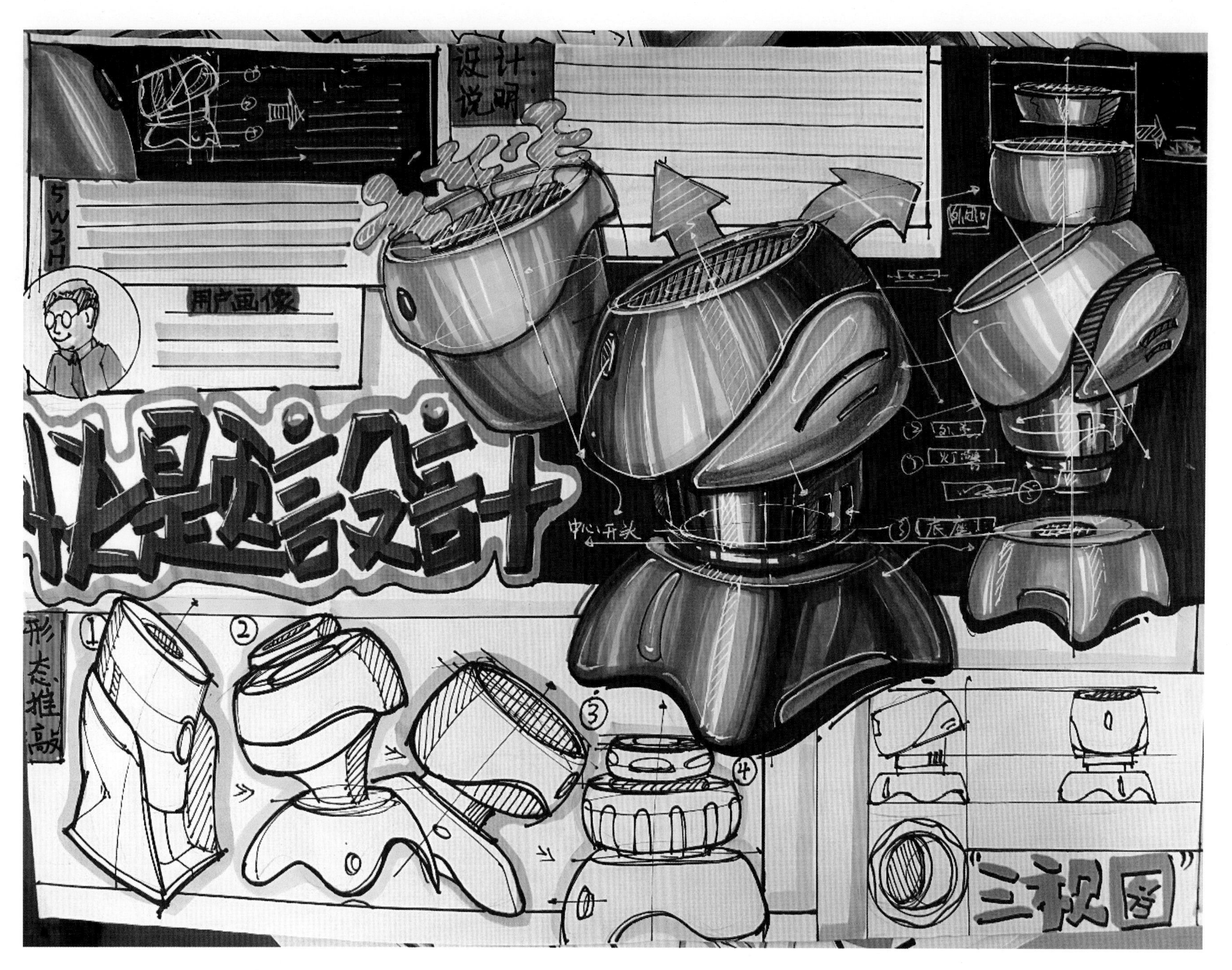

设计说明
5W2H
用户画像
形态推敲
中心开关
三视图

快題設計
THE

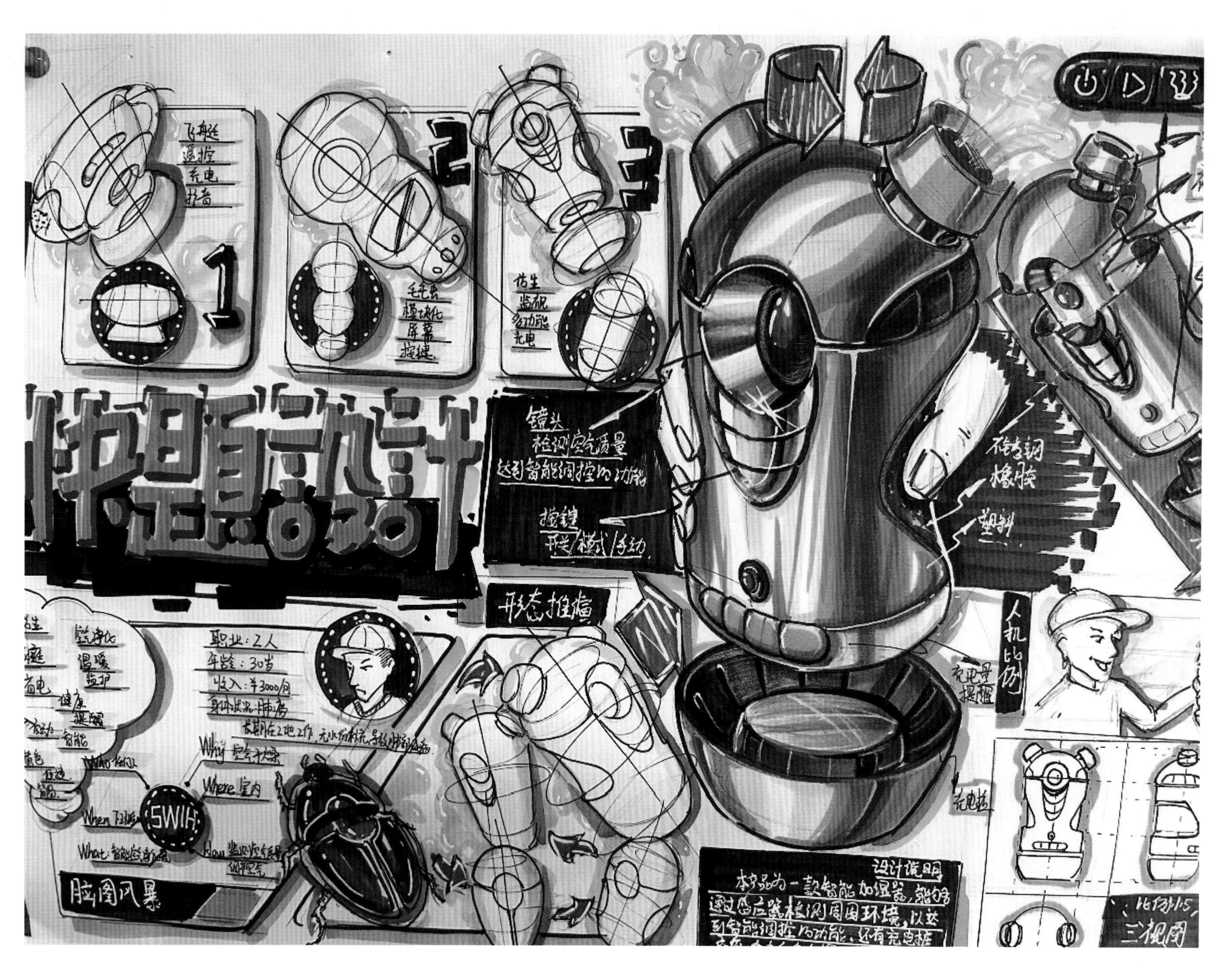

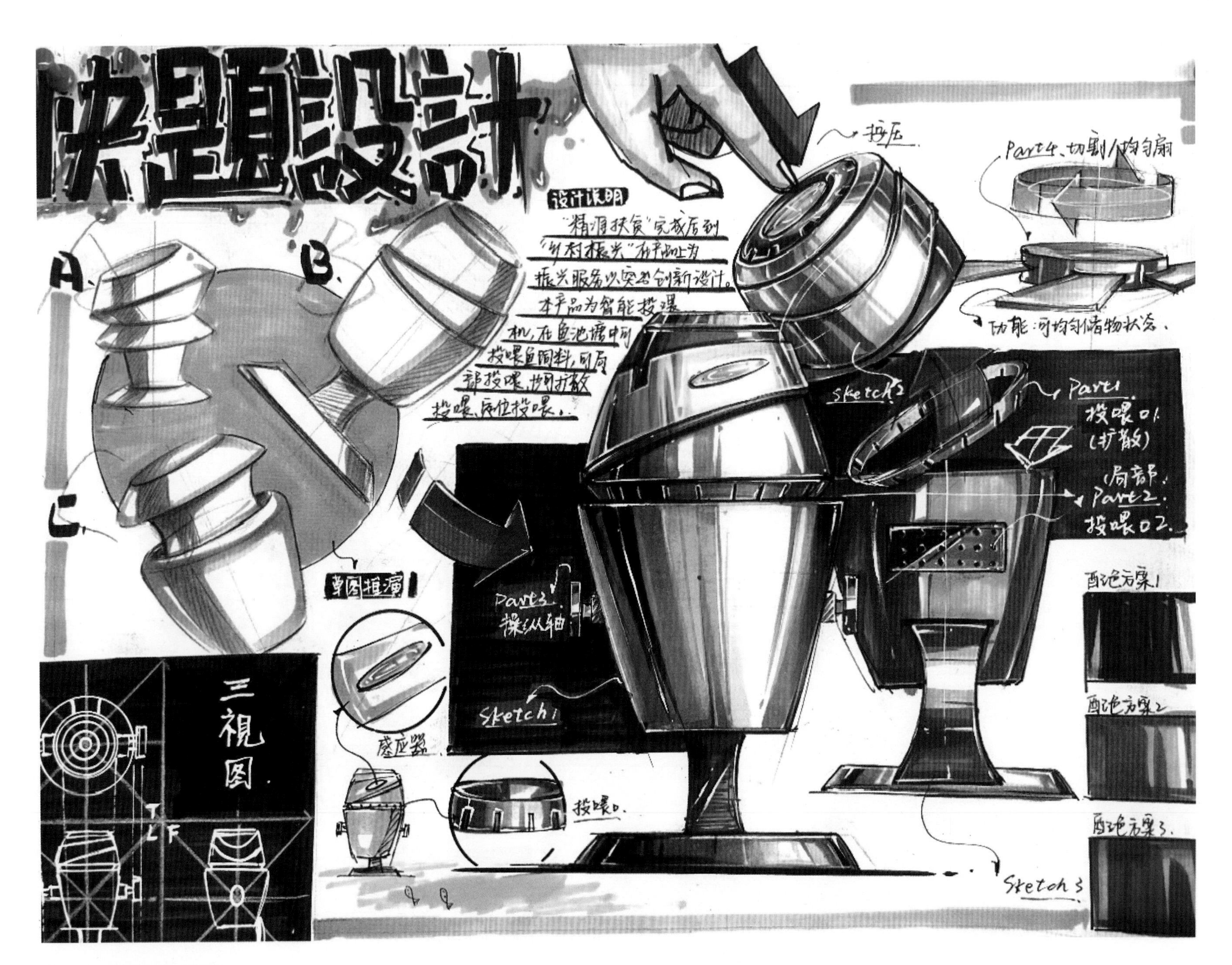
A.
B.
C.
设计说明
按压
Part4、切割/均匀扇
功能：可均匀储物状态.
Sketch2
Part1
投喂01.
（扩散）
（局部.
Part2.
投喂02.
草图推演
Part3.
操纵轴
Sketch1
感应器
三視圖
投喂0.
配色方案1
配色方案2
配色方案3.
Sketch3

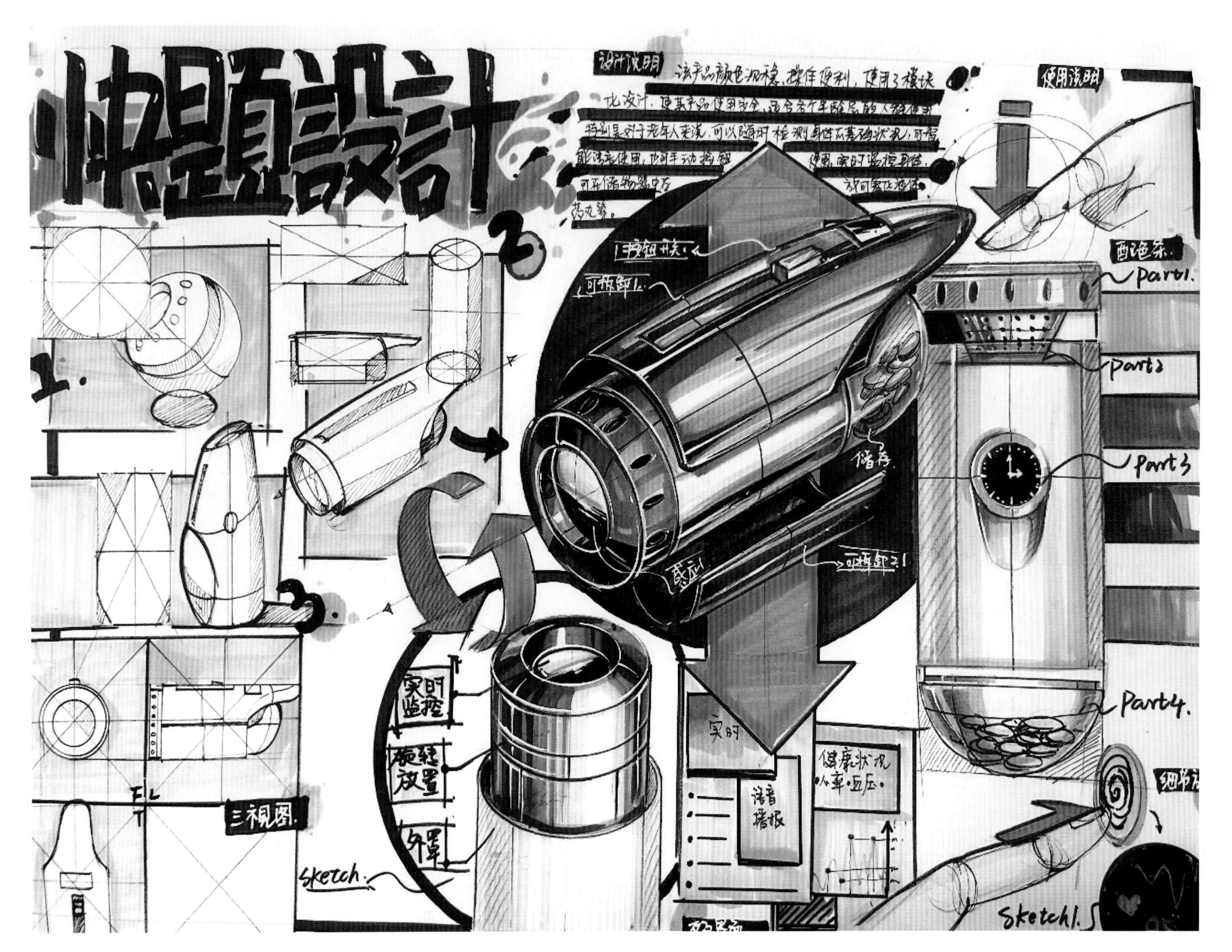
设计说明
使用说明
Part1.
part2
part3
Part4.
储存
实时监控
旋转放置
外罩
三视图.
Sketch.
实时
语音播报
健康状况
心率·血压
Sketch1.

Fast Desi
减压充电宝设计
推演图
三视图
方案图
PLAN A
PLAN B.
PLAN C.
单位：mm
比例 1:100
设计说明
疫情使人们，陷入到焦虑之中，本产品设计为一款手摇发电的充电宝，通过内部的小柱子上下摇动而产生电力，一方面可以帮助人们发泄情绪，一方面又符合绿色用电的理念，使我们的生活更加美好，更加舒适。

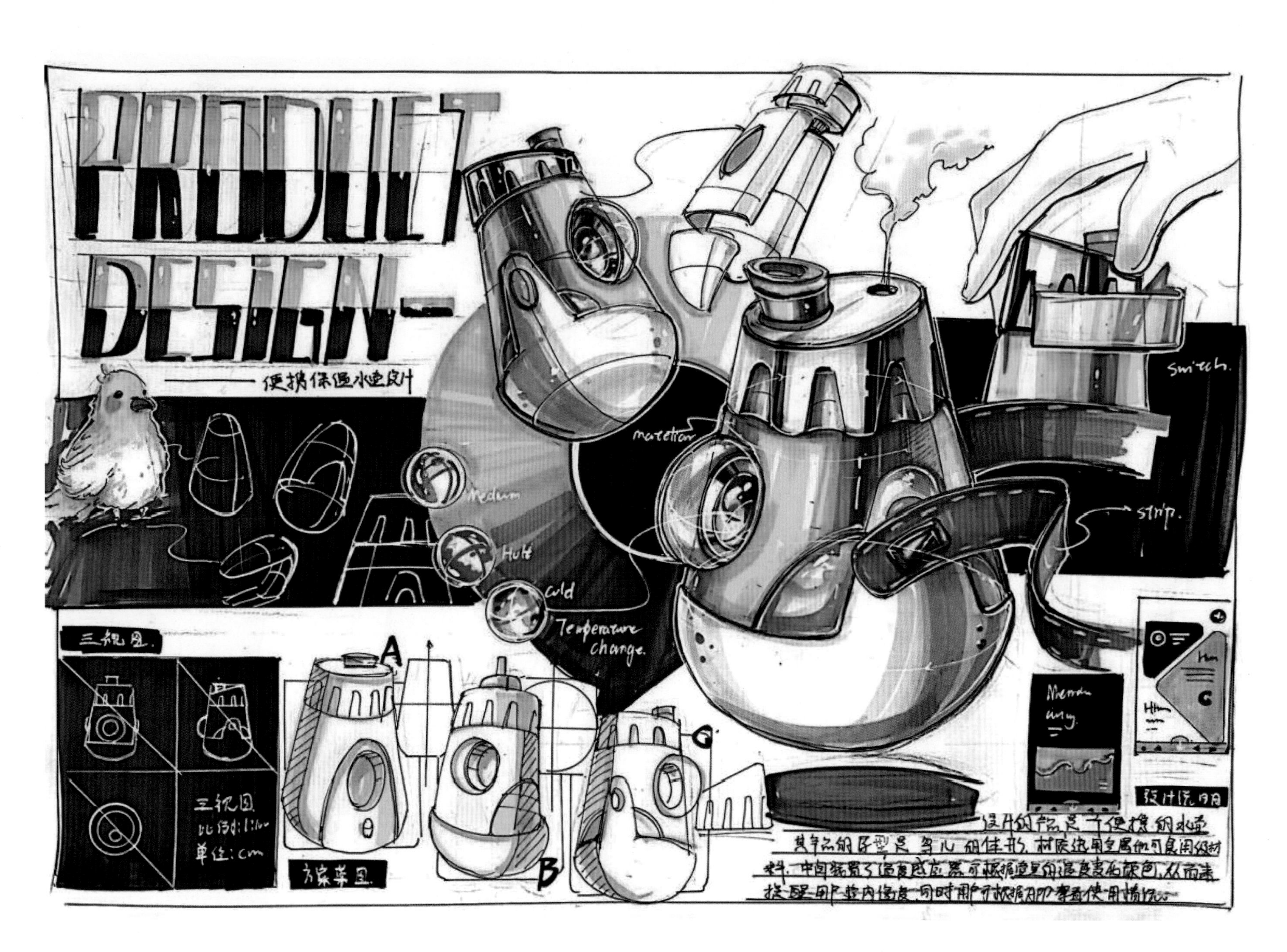
PRODUCT
DESIGN
Switch.
strip.
Medium
cold
Temperature change.
A
B
C
比例:1:1
单位:cm

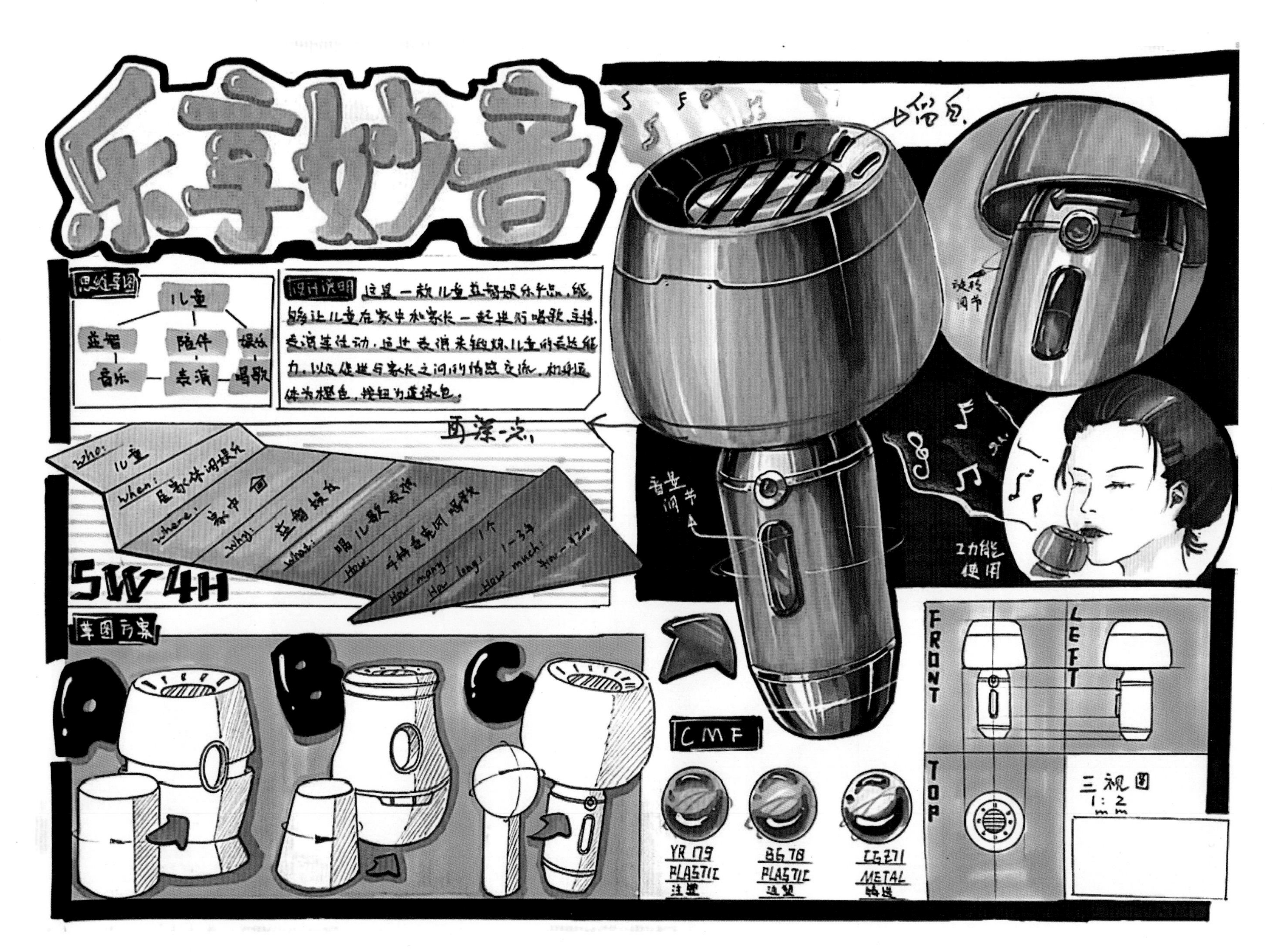
乐享妙音
思维导图
儿童
益智
陪伴
娱乐
音乐
表演
唱歌
设计说明 这是一款儿童益智娱乐产品，能够让儿童在家中和家长一起进行唱歌、主持、表演等活动，通过表演来锻炼儿童的表达能力，以及促进与家长之间的情感交流。机身整体为橙色，按钮为蓝绿色。
再深一点
who: 儿童
when: 居家休闲娱乐
where: 家中
why: 益智娱乐
what: 唱儿歌表演
How: 手持麦克风唱歌
How many: 1个
How long: 1—3年
How much:
5W4H
铝色
旋转调节
音量调节
功能使用
草图方案
CMF
YR179 PLASTIC 注塑
BG78 PLASTIC 注塑
CG271 METAL 铸造
FRONT
LEFT
TOP
三视图
1:2
mm

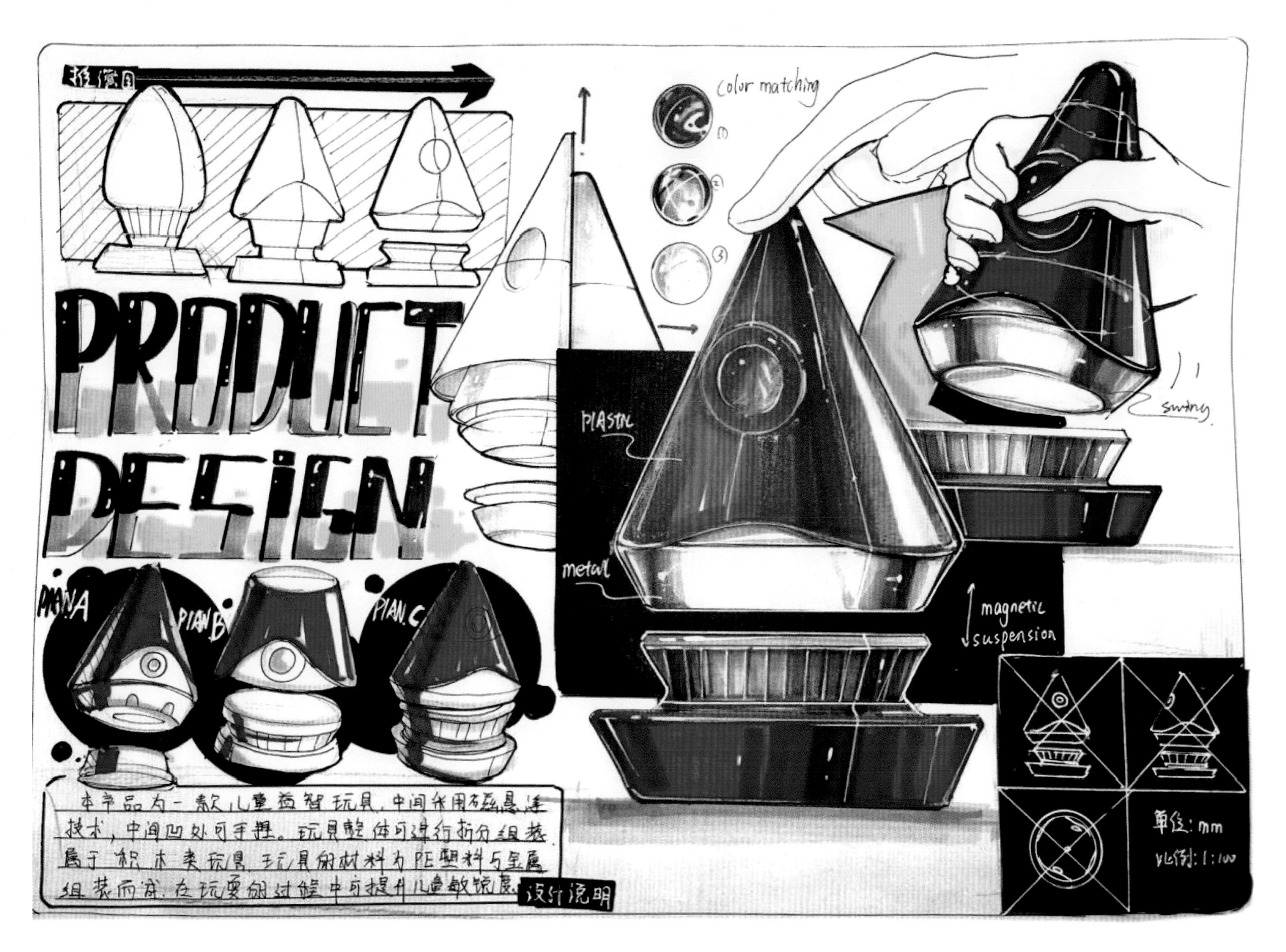
PRODUCT
DESIGN
color matching
①
②
③
PLASTIC
metal
swing
magnetic
suspension
PIAN.A
PIAN.B
PIAN.C
单位：mm
比例：1:100
本产品为一款儿童益智玩具，中间采用磁悬浮技术，中间凹处可手握。玩具整体可进行拆分组装，属于积木类玩具。玩具的材料为PE塑料与金属组装而成。在玩耍的过程中可提升儿童敏锐度。
设计说明

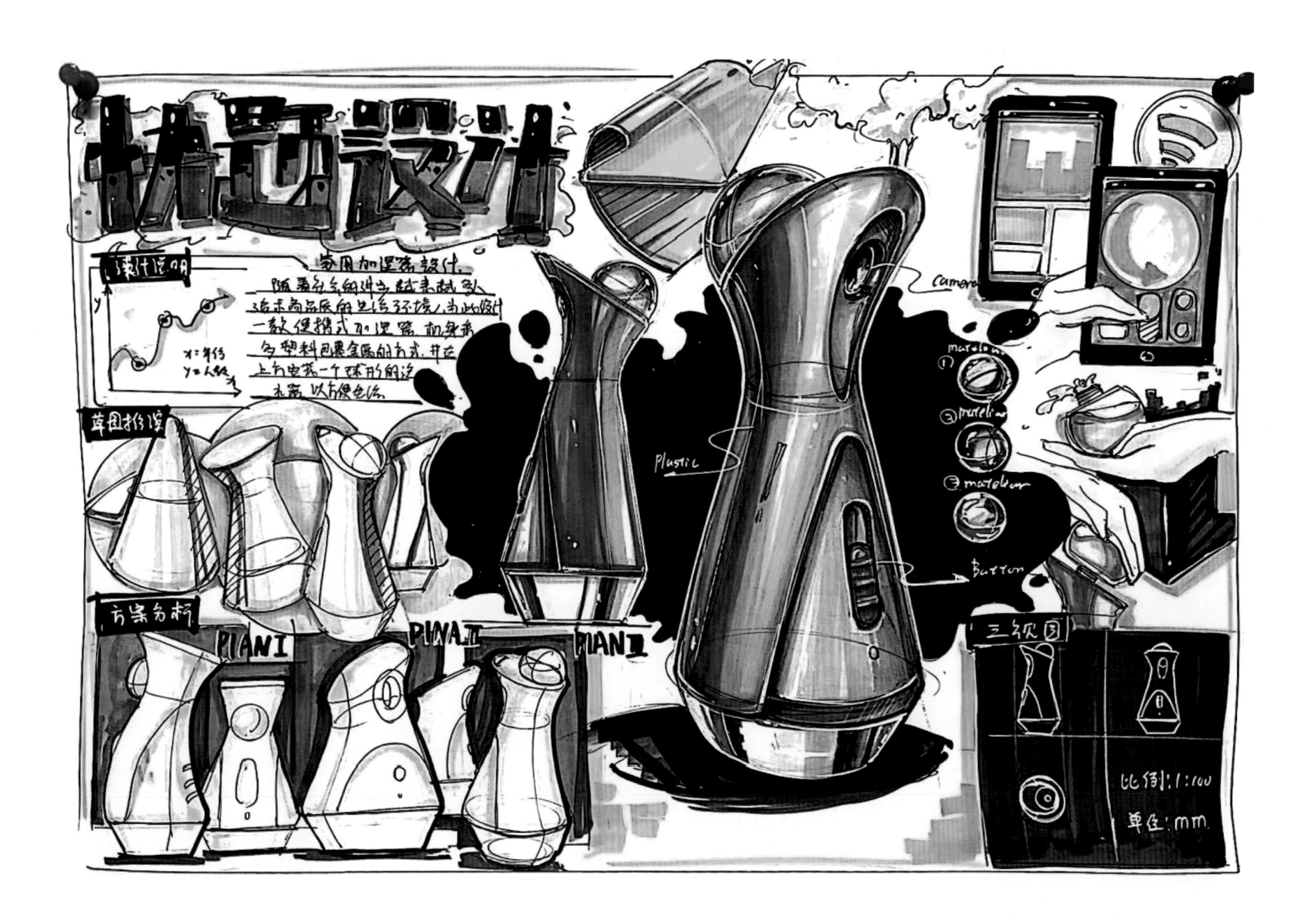

Plastic
Button
三视图
比例:1:100
单位:mm

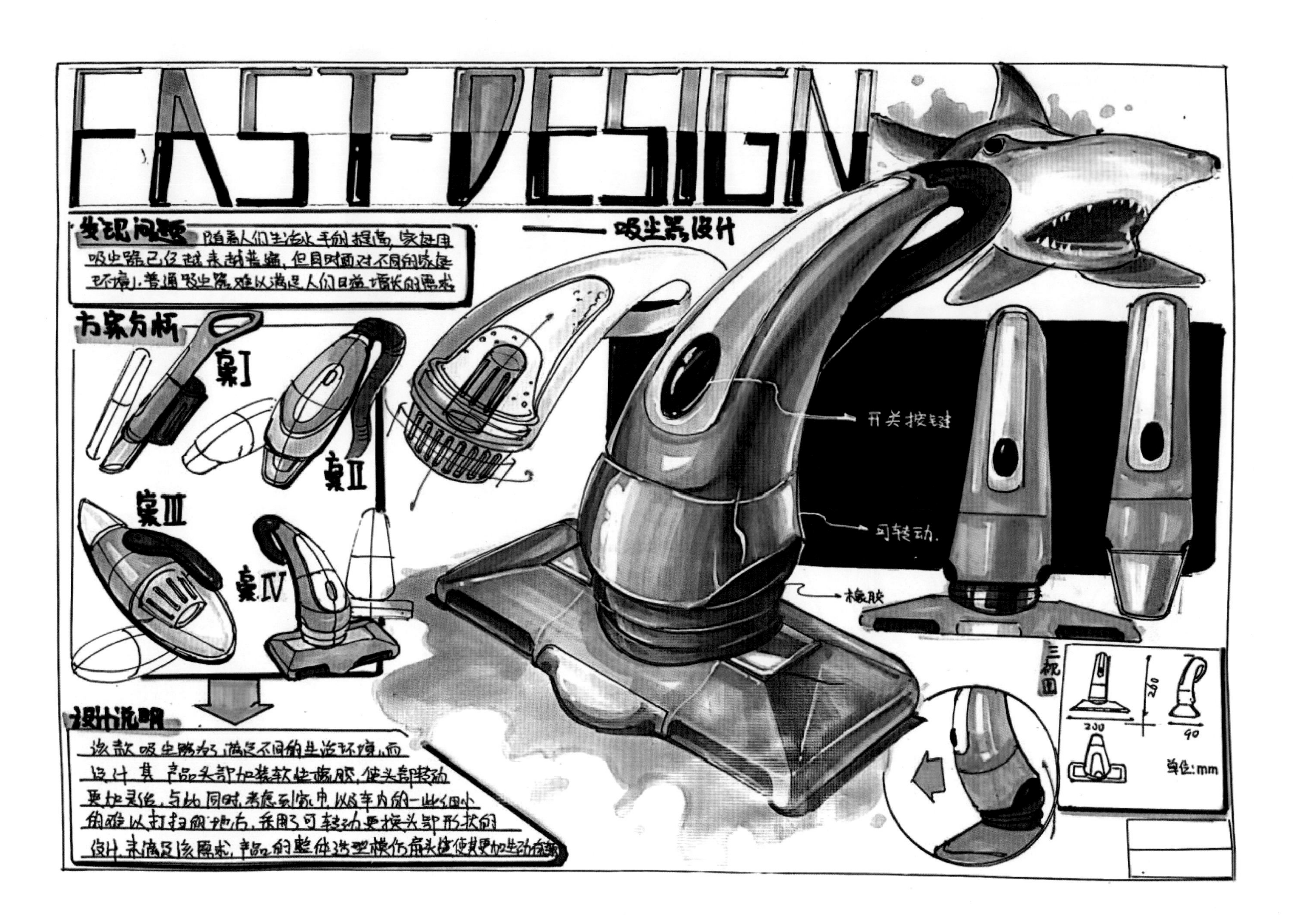
FAST-DESIGN
——吸尘器设计
发现问题
随着人们生活水平的提高，家庭用吸尘器已经越来越普遍，但是面对不同的家庭环境，普通吸尘器难以满足人们日益增长的需求
方案分析
案Ⅰ
案Ⅱ
案Ⅲ
案Ⅳ
开关按键
可转动.
橡胶
三视图
260
200
90
单位:mm
设计说明
这款吸尘器为了满足不同的生活环境，而设计其产品头部加装软性橡胶，使头部转动更加灵活。与此同时，考虑到家中以及车内的一些细小的难以打扫的地方，采用了可转动更换头部形状的设计，来满足该需求，产品的整体造型模仿鲨鱼头使其更加生动有趣

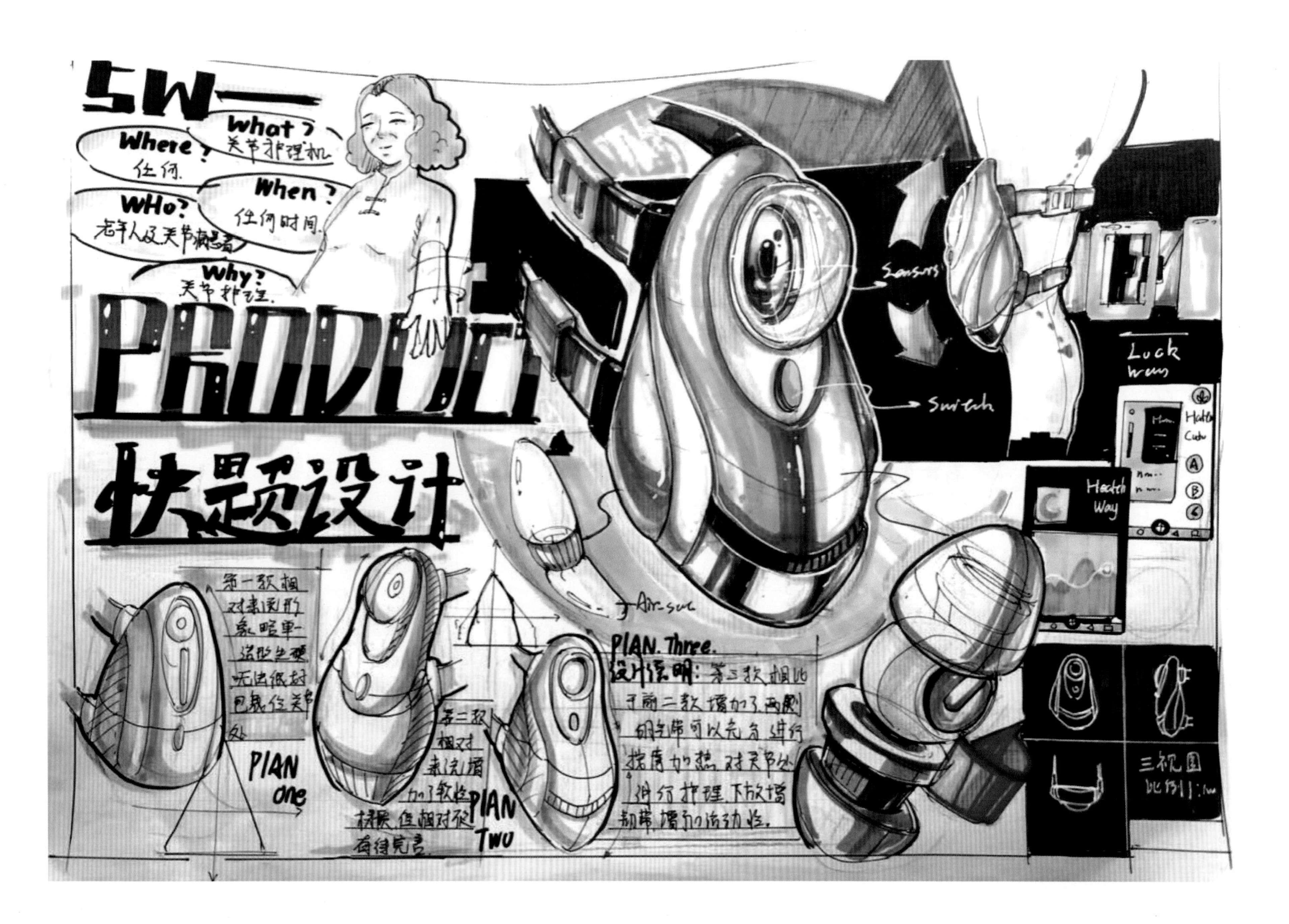
5W——
What?
关节护理机
Where?
任何
When?
任何时间
WHo?
老年人及关节病患者
Why?
关节护理
PRODUCT
快题设计
Sensors
Switch
Lock way
Air-suc
PIAN one
PIAN TWO
PIAN. Three.
三视图

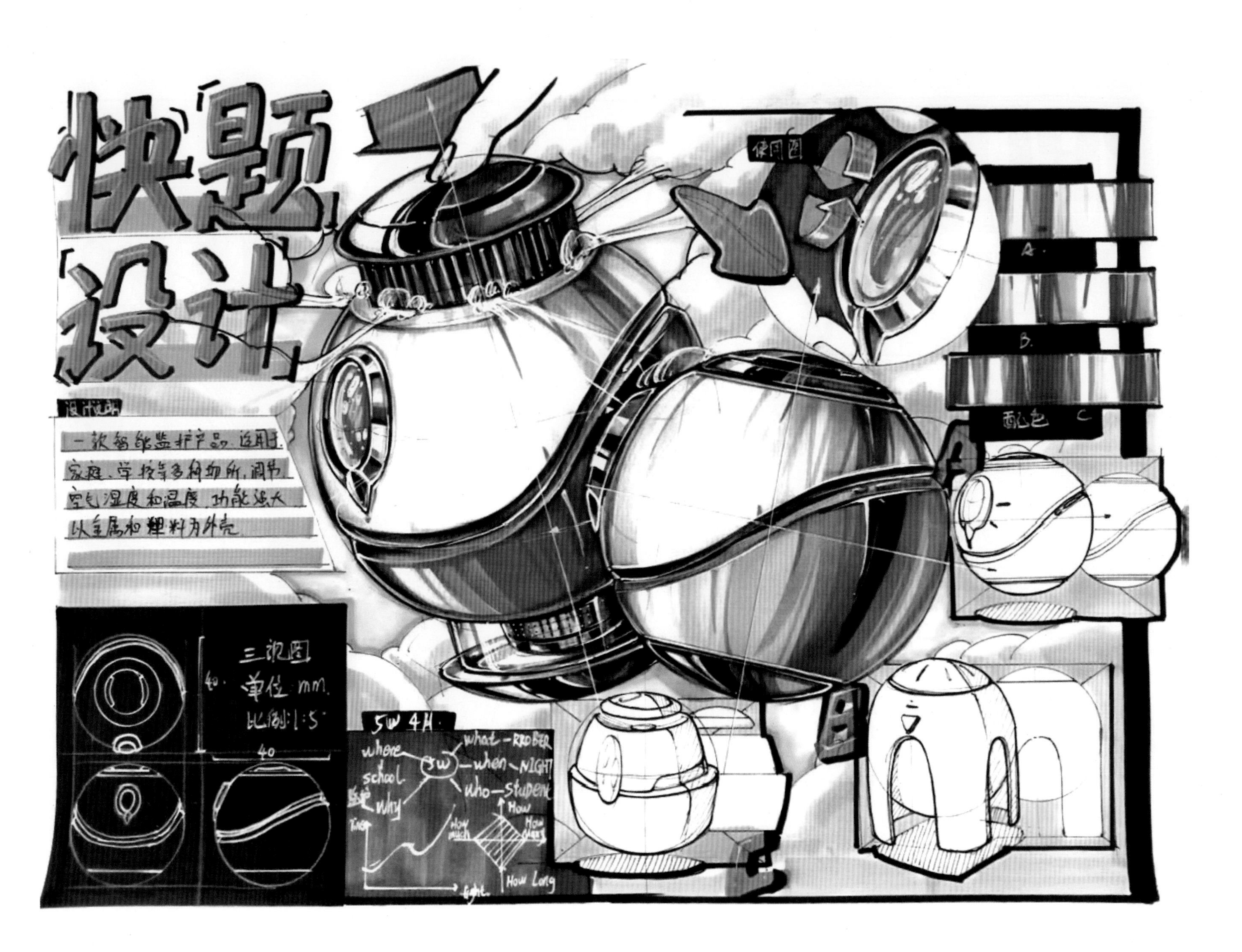
快题设计
使用图
设计说明
一款智能监护产品，适用于家庭、学校等多种场所，调节空气湿度和温度，功能强大，以金属和塑料为外壳
A.
B.
配色 C
三视图
单位：mm
比例1:5
5W 4H
where
school
why
what
when
who
How Long

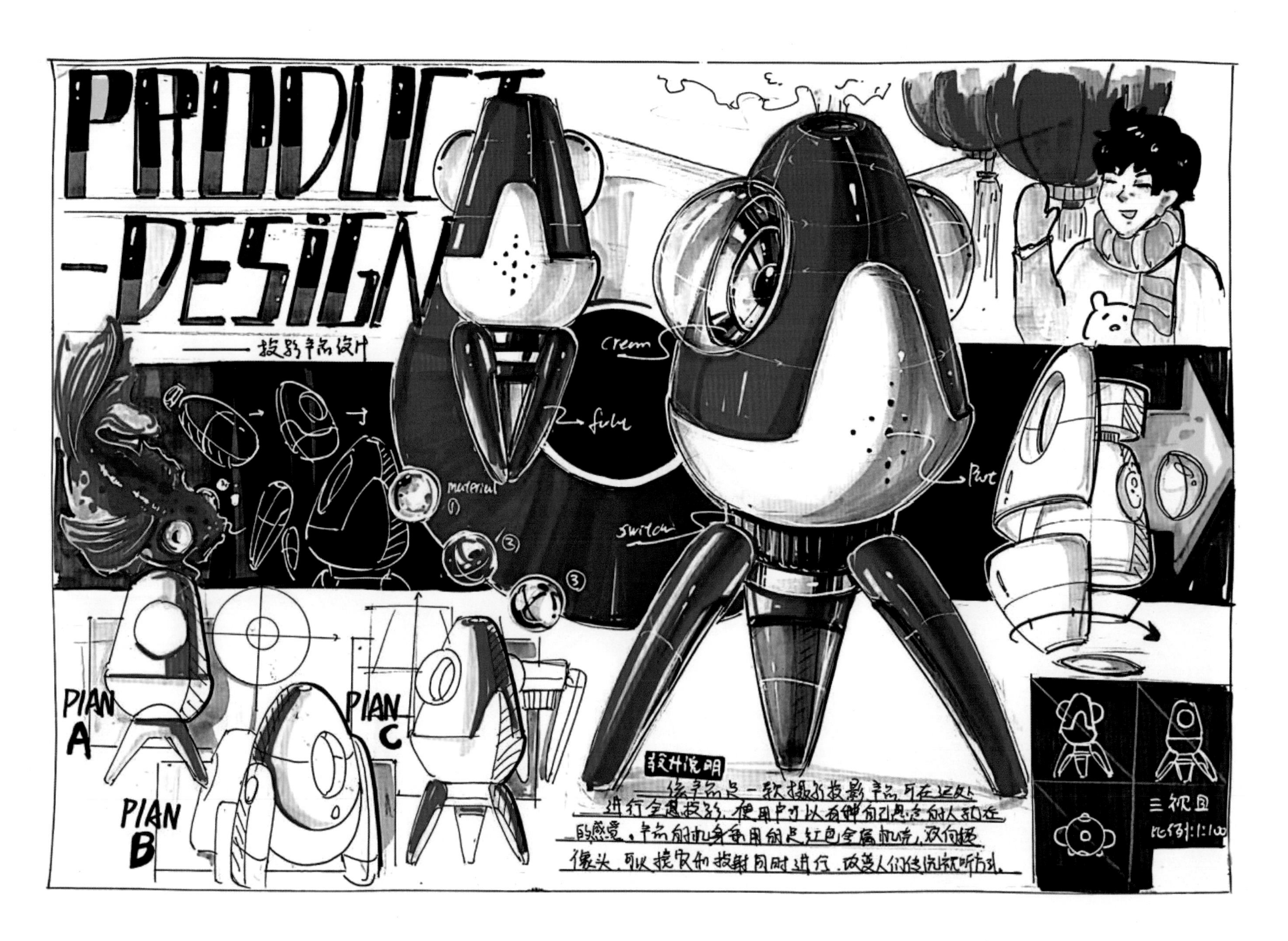
PRODUCT
-DESIGN
——投影产品设计
cream
film
material
①
②
③
switch
Port
PIAN A
PIAN B
PIAN C
设计说明
该产品是一款摄影投影产品，可在任处进行全息投影，使用户可以有种身临其境的感觉，产品的机身采用的是红色金属机壳，双向摄像头，可以摄像和投射同时进行，改善人们的视听方式。
三视图
比例1:100

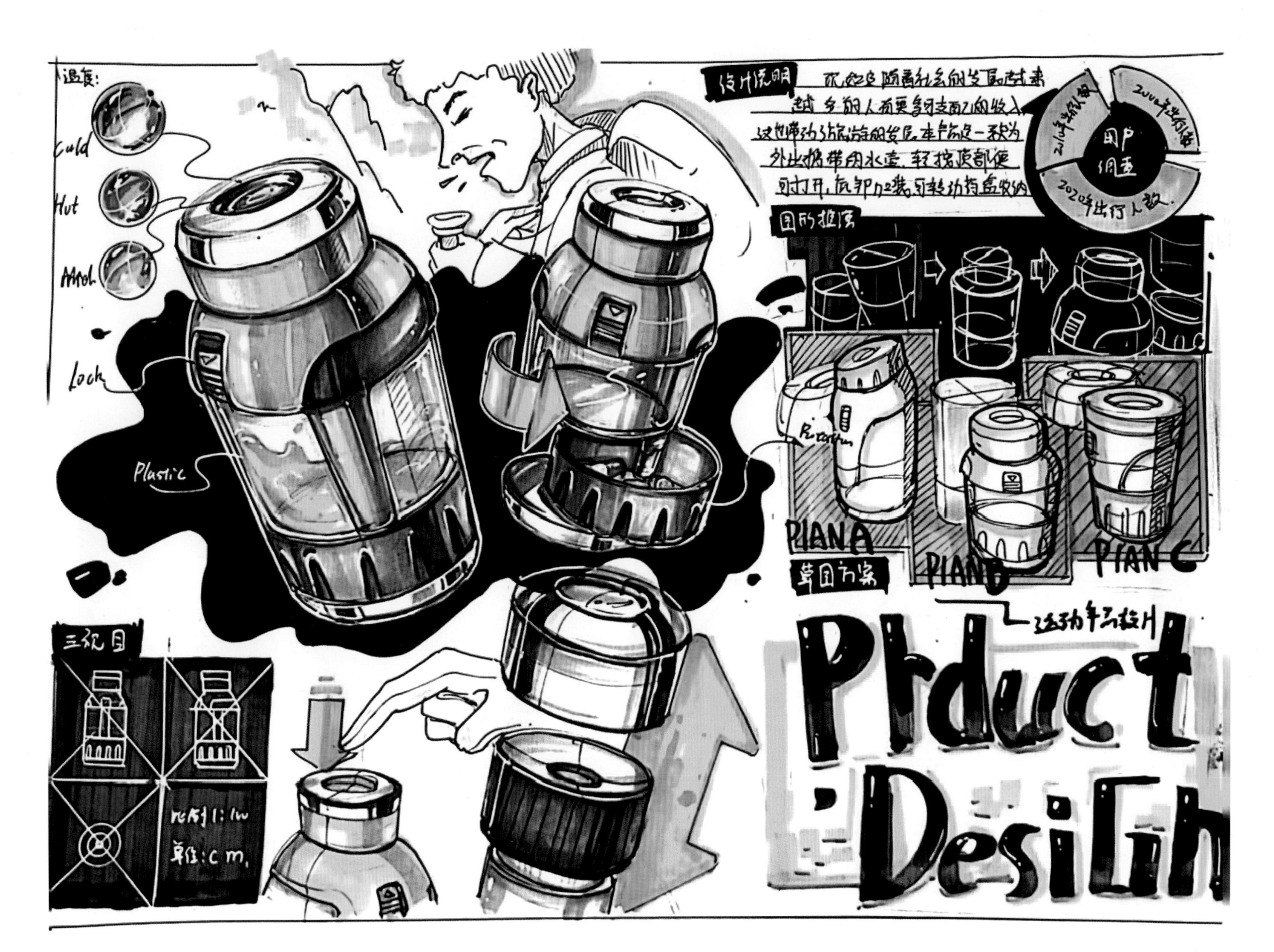

Lock
Plastic
PIAN A
PIAN B
PIAN C
三视图

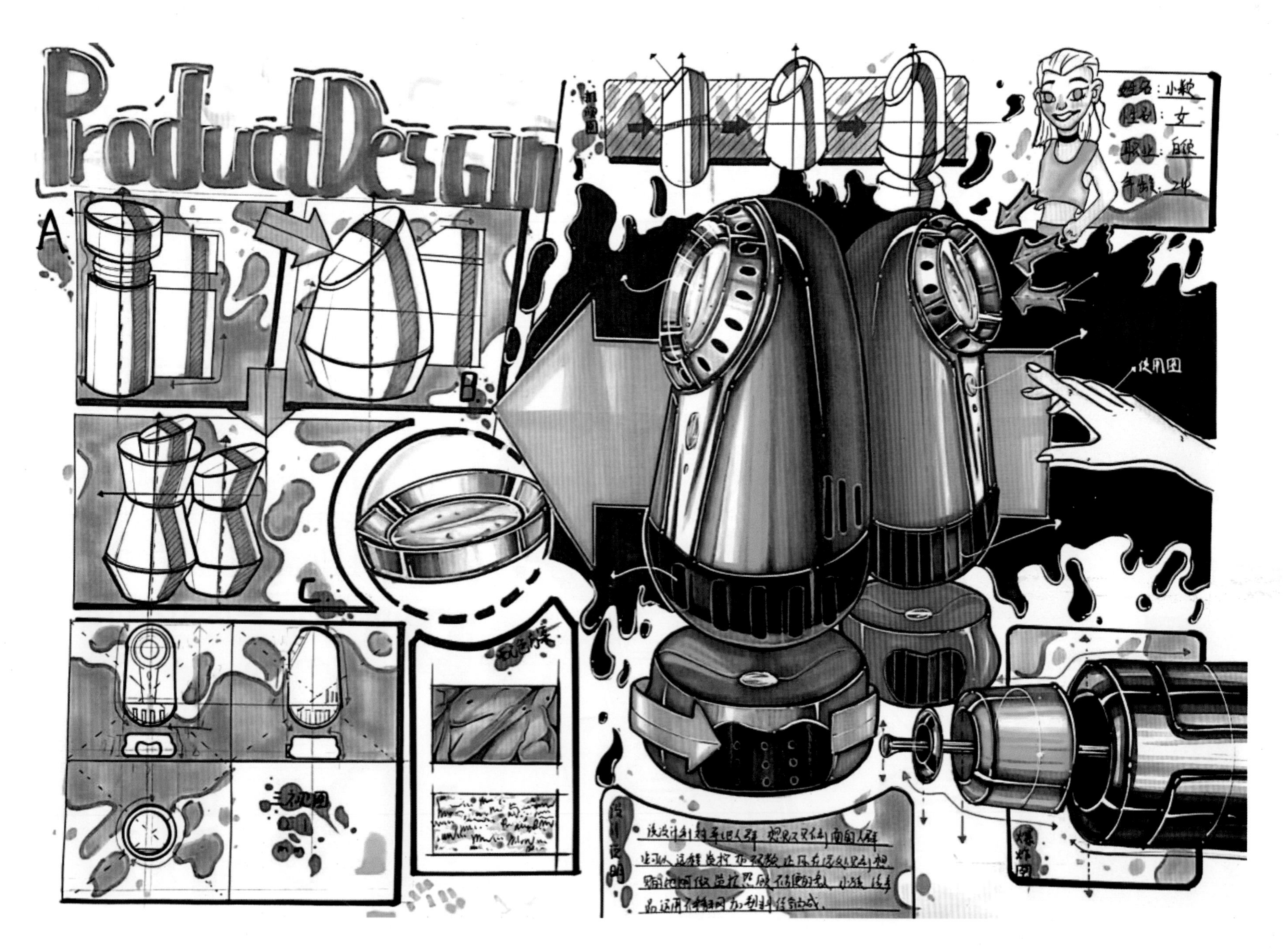
ProductDesign
A
B
C
使用图
性别：女
三视图